Lecture Notes in Mathematics

A collection of informal reports and seminars
Edited by A. Dold, Heidelberg and B. Eckmann, Zürich

82

Joseph Wloka
Mathematisches Seminar der Universität Kiel

Grundräume und verallgemeinerte Funktionen

1969

Springer-Verlag Berlin · Heidelberg · New York

Library of Congress Catalog Card Number 68-59476 Printed in Germany. Title No. 3688

Man kennt viele, verschiedene Räume verallgemeinerter Funktionen, z.B. die von Gelfand, Köthe, Roumieu, L. Schwartz, Sebastião e Silva, Tillmann, Wloka u.a. Hier wird der Versuch unternommen, sie alle einheitlich zu behandeln. Dabei sind Wiederholungen nicht zu vermeiden, wodurch die Darstellung manchmal langweilig wird.

Zur Nomenklatur: Die Elemente aus dem Dualraum X' (X ein "Grundraum") heißen "verallgemeinerte Funktionen", während die Elemente aus $\mathcal{D}'$ den Namen "Distributionen" (nach L. Schwartz) tragen.

Hinweise, die mit "E" bezeichnet sind, z.b. E § 6.2., beziehen sich auf die "Einführung in die Theorie der lokalkonvexen Räume", Lecture Notes in Mathematics, Bd. 56.

Zu Dank bin ich Herrn K. Deimling und Herrn K. Floret verpflichtet, die das Manuskript sorgfältig und kritisch durchgelesen haben.

Fräulein Lörcher bin ich dankbar für die große Mühe, die sie auf das Schreiben des Manuskriptes verwandte. Auch danke ich dem Springer-Verlag und den Herausgebern der "Lecture Notes" für die Aufnahme in ihre Reihe.

Kiel, Oktober 1968 Joseph Wloka

Inhaltsverzeichnis

I. Die Einbettungstheoreme.

§ 1. Die Definitionen der W-, A- und S-Räume.

Wir führen hier drei Klassen von Banachräumen ein (W-, A-, und S-Räume), aus denen wir später die Grundräume zusammensetzen wollen.

1. Die W-Räume. Ist $\Omega \subset R^r$ offen, M eine strikt positive, stetige Gewichtsfunktion auf Ω, so ist der verallgemeinerte Sobolev-Raum $W^{\ell}_{\infty}(M,\Omega)$ definiert als die Menge aller Funktionen ϕ auf Ω, für die $D^{\alpha}\phi$ stetig ist für $|\alpha| \leq \ell$ und

$$||\phi||_{W^{\ell}_{\infty}(M,\Omega)} = \sup_{\substack{x\in\Omega \\ |\alpha|\leq\ell}} |D^{\alpha}\phi(x)|M(x) < \infty .$$

(Es wird die Schwartzsche Schreibweise benutzt

$$\alpha = (\alpha_1,\ldots,\alpha_r)$$

$$|\alpha| = \sum_{i=1}^{r} |\alpha_i|$$

$$D^{\alpha} = \frac{\partial^{\alpha_1+\ldots\alpha_r}}{\partial^{\alpha_1}\cdots\partial x_r^{\alpha_r}} \quad .)$$

Wie man sich leicht überzeugt, ist $W^{\ell}_{\infty}(M,\Omega)$ ein Banachraum.

$L^p(\Omega,M^p(x)dx)$, $1 \leq p < \infty$ bezeichne - wie üblich - den Banachraum der auf Ω meßbaren Funktionen ϕ, für welche gilt

$$\int_{\Omega} |\phi(x)M(x)|^p dx < \infty .$$

Wir wollen nun den Begriff der schwachen Ableitung D^{α} - oder wie wir auch sagen wollen, der Ableitung im Distributionssinne - erklären. Mit $\mathcal{D}_{\Omega}$ bezeichnen wir den Raum aller unendlich oft differenzierbaren Funktionen ϕ, die einen kompakten Träger supp $\phi \subset \Omega$ besitzen. Wir sagen, daß die Funktion $f \in L^p(\Omega,M^p(x)dx)$ schwache D^{α} Ableitung der Funktion $g \in L^p(\Omega,M^p(x)dx)$ ist, falls für alle $\phi \in \mathcal{D}_{\Omega}$ gilt

$$\int_{\Omega} f(x)\phi(x)dx = (-1)^{|\alpha|} \int_{\Omega} g(x)D^{\alpha}\phi(x)dx .$$

Wir schreiben kurz $f = D^{\alpha}g$.

Nach § 2.1 Satz 2 liegt $\mathcal{D}_{\Omega}$ dicht in $L^p(\Omega,M^p(x)dx)$, deshalb ist die Definition der schwachen Ableitung eindeutig, denn aus

$$\int_{\Omega} f_1(x)\phi(x)dx = (-1)^{|\alpha|} \int_{\Omega} g(x)D^{\alpha}\phi(x)dx$$

und

$$\int_{\Omega} f_2(x)\phi(x)dx = (-1)^{|\alpha|} \int_{\Omega} g(x)D^{\alpha}\phi(x)dx$$

folgt

$$\int_{\Omega} (f_1(x)-f_2(x))\phi(x)dx = 0, \qquad \phi \in \mathcal{D}_{\Omega},$$

was wegen der Dichte von $\mathcal{D}_\Omega$ in $L^p(\Omega, M^p(x)dx)$ liefert

$$f_1(x) = f_2(x) \quad \text{fast überall.}$$

Man prüft leicht nach, daß die schwache Ableitung D^α linear ist.

Bemerkung. Die schwache Ableitung ist wie die gewöhnliche Ableitung ein lokaler Begriff. Man sieht dies sofort, wenn man statt $D^\alpha f \in L^p(\Omega, M^p(x)dx)$ fordert $D^\alpha f \in L_{loc}(\omega), \omega \subset \Omega$. Die Eindeutigkeit sieht man mit derselben Schlußweise wie vorhin ein; was auch die lokale Unabhängigkeit von p und $L^p(\Omega, M^p(x)dx)$ ergibt.

$W_p^\ell(M,\Omega)$ bezeichne die Menge aller meßbaren Funktionen ϕ, für die die Ableitungen $D^\alpha\phi$ im schwachen Sinne bis zur Ordnung ℓ existieren und Elemente von $L^p(\Omega, M^p(x)dx)$ sind $(1 \le p < \infty)$. Identifiziert man fast überall gleiche Funktionen, so wird $W_p^\ell(M,\Omega)$ mit

$$(*) \qquad ||\phi||_{\ell,p} = \Big(\sum_{|\alpha| \le \ell} \int_\Omega |D^\alpha\phi(x)M(x)|^p dx \Big)^{1/p}$$

ein normierter Vektorraum. Für $M \equiv 1$ erhält man die bekannten Sobolevschen Räume $W_p^\ell(\Omega)$ und für zusätzlich $p = 2$ die Hilberträume $H^\ell(\Omega)$, das Skalarprodukt entsprechend (*) definiert, siehe Fichera [1], Schwartz [2].

Satz. $W_p^\ell(M,\Omega)$ ist ein Banachraum, insbesondere ist $W_2^\ell(M,\Omega)$ ein Hilbertraum.

Beweis. Für eine Cauchyfolge $\{\phi_n\} \subset W_p^\ell(M,\Omega)$ bildet für jedes $|\alpha| \le \ell$ $\{D^\alpha\phi_n\}$ wegen der Normdefinition eine Cauchyfolge in $L^p(\Omega, M^p(x)dx)$; es existieren also Funktionen ϕ_o^α mit

$$D^\alpha\phi_n \to \phi_o^\alpha \big|_{L^p(\Omega, M^p(x)dx)}, \quad |\alpha| \le \ell .$$

Es bleibt $D^\alpha\phi_o^o = \phi_o^\alpha$ zu zeigen. Ist $\psi \in \mathcal{D}_\Omega$ und $\Delta = \operatorname{supp}\psi$ der kompakte Träger von ψ

$$0 < A \le M(x), \quad x \in \Delta,$$

so gilt $(\frac{1}{p} + \frac{1}{q} = 1)$

$$\Big|\int_\Omega (D^\alpha\phi_n(x) - \phi_o^\alpha(x))\psi(x)dx\Big| \le$$

$$\le \frac{1}{A}\Big(\int_\Delta |D^\alpha\phi_n(x) - \phi_o^\alpha(x)|^p M(x)^p dx\Big)^{1/p} ||\psi||_{L^q(\Delta,dx)}$$

$$\le \frac{1}{A}\, ||\psi||_{L^q(\Delta,dx)} \cdot ||D^\alpha\phi_n - \phi_o^\alpha||_{L^p(\Omega, M(x)^p dx)} \to 0 .$$

Benutzt man die Definition der schwachen Ableitung und das obige Argument nocheinmal, so erhält man

$$\int_\Omega D^\alpha\phi_n(x)\psi(x)dx = (-1)^{|\alpha|} \int_\Omega \phi_n(x) D^\alpha\psi(x)dx$$

$$\to (-1)^{|\alpha|} \int_\Omega \phi_o^o(x) D^\alpha\psi(x)dx ,$$

was zusammengefaßt ergibt

$$\int_\Omega \phi_o^\alpha(x)\psi(x)dx = (-1)^{|\alpha|} \int_\Omega \phi_o^o(x) D^\alpha\psi(x)dx$$

und somit $\phi_o^\alpha = D^\alpha\phi_o^o$. //

Zur Hilbertraumeigenschaft bemerken wir, daß zu (*) für p = 2 das Skalarprodukt $(\phi,\psi) = \sum_{|\alpha|\leq \ell} \int_{\Omega} D^{\alpha}\phi(x)\cdot\overline{D^{\alpha}\psi(x)}\cdot M^2(x)dx$ gehört.

2. Die A-Räume. Sei nun C^r das r-fache kartesische Produkt der komplexen Zahlenebene. Ist $G \subset C^r$ offen, M eine strikt positive, stetige Gewichtsfunktion auf G, so ist $A_\infty(M,G)$ definiert als die Menge aller auf G holomorphen Funktionen ϕ für die

$$||\phi||_{A_\infty(M,G)} = \sup_{z\in G} |\phi(z)|M(z) < \infty$$

gilt. Aus dem Satz von Weierstraß folgt, daß $A_\infty(M,G)$ ein Banachraum ist. $A_p(M,G)$ $(1\leq p<\infty)$ bezeichne die Menge aller auf G holomorphen Funktionen ϕ, für die das Integral

$$||\phi||_{A^p} = (\int_G |\phi(z)\cdot M(z)|^p dz)^{1/p} < \infty$$

endlich ist. Hier haben wir kurz geschrieben $dz = dx_1dy_1\ldots dx_rdy_r$, $z = (z_1,\ldots,z_r)$, $z_j = x_j + iy_j$, $j = 1,\ldots,r$.

Satz. $A_p(M,G)$ ist ein Banachraum, insbesondere ist $A_2(M,G)$ ein Hilbertraum.

Zur Hilbertraumeigenschaft bemerken wir, daß für p = 2 durch

$$(\phi,\psi)_{A_2} = \int_G \phi(z)\cdot\overline{\psi(z)}\, M(z)^2 dz$$

ein Skalarprodukt definiert ist.

Vorbemerkung. Das kartesische Produkt $D = \mathop{X}_{j=1}^{r} D_j$ von r Kreisscheiben $D_1,\ldots,D_r$ bezeichnen wir als Polykreis. Insbesondere sei $D(z,d)$ der Polykreis $D(z,d) = \mathop{X}_{j=1}^{r} D(z_j,d)$, $z = (z_1,\ldots,z_r)$. Realteil und Imaginärteil einer holomorphen Funktion sind harmonische Funktionen, der Mittelwertsatz für harmonische Funktionen angewandt auf jede Variable von ϕ ergibt

$$(*) \qquad \phi(z) = \frac{1}{(\pi d^2)^r} \int_{D(z,d)} \phi(w)dw \ . \ //$$

Beweis. $A_p(M,G)$ ist ein Unterraum von $L^p(G, M^p dz)$ und wegen der Vollständigkeit von L^p müssen wir nur zeigen, daß A_p abgeschlossen in L^p ist.

Sei G_d eine Folge von kompakten Teilbereichen, $G_d \subset G$, die G ausschöpfen; dabei sei der Abstand von G_d nach $\complement G$ gleich $d > 0$. Zu jedem $z \in G_{2d}$ gibt es einen Polykreis $D(z,d)$ vom Radius d um z, der ganz zum Inneren von G gehört. Sei ϕ_n eine Cauchyfolge aus $A_p(M,G)$. Für die Differenz $\phi_n(z) - \phi_m(z)$ ergibt sich nach (*) und der Hölderschen Ungleichung

$$|\phi_n(z)-\phi_m(z)| = \frac{1}{(\pi d^2)^r}\left| \int_{D(z,d)} (\phi_n(w)-\phi_m(w))dw\right| \leq$$

$$(**) \quad \leq \frac{1}{(\pi d^2)^r} \left| \int_{D(z,d)} |\phi_n(w)-\phi_m(w)|^p M(w)^p dw\right|^{1/p} \left| \int_{D(z,d)} M^{-q}(w)dw\right|^{1/q}$$

$$\leq \frac{1}{(\pi d^2)^r} ||\phi_n-\phi_m||_{A_p} \cdot \left|\int_{G_d} M^{-q}(w)dw\right|^{1/q} .$$

(Für p = 1 hat man oben statt $\left|\int_{G_d} M^{-q}(w)dw\right|^{1/q}$: $\frac{1}{\min_{w\in G_d} M(w)}$.) Da nach Voraussetzung G_d kompakt ist, M(z) stetig und verschieden von Null in G , ist das Integral

$$J_d = \left|\int_{G_d} M^{-q}(w)dw\right|^{1/q}$$

endlich. Wir können (**) kurz schreiben

$$|\phi_n(z) - \phi_m(z)| \leq \frac{J_d}{(\pi d^2)^r} ||\phi_n - \phi_m||_{A_p} .$$

Letztere Ungleichung bedeutet, daß $\phi_n(z)$ gleichmäßig in jedem G_d konvergiert, nach dem Satz von Weierstraß gibt es eine überall in G erklärte holomorphe Funktion $\phi(z)$ für die

$$\phi(z) = \lim_{n\to\infty} \phi_n(z)$$

gilt im Sinne der fast gleichmäßigen Konvergenz in G . Weil L^p vollständig ist, haben wir auch

$$\phi_n \to \phi^o \quad \text{in} \quad L^p$$

und eine Schlußweise, ähnlich wie im Beweis von § 1. 1. Satz zeigt, daß fast gleichmäßiger und L^p-Limes gleich sein müssen, d.h. $\phi = \phi^o \in L^p$, also wegen der Holomorphie von ϕ: $\phi \in A_p$. //

3. Die S-Räume. Wir betrachten nun die Räume $S_p(m)$, wobei $m = \{m_{k,q}\}$ eine positive Zahlenfolge ist, die von den Multiindizes $k = (k_1,\ldots,k_r)$, $q = (q_1,\ldots,q_r)$ (k_i, q_i nicht negative, ganze Zahlen) abhängt.

Wir definieren

$$S_p(m) = \{\phi \mid \phi \in C^\infty(R^r), ||\phi||_{S_p} = (\sum_{k,q} \int_{R^r} |(1+x^2)^k D^q\phi(x) m_{k,q}|^p dx)^{1/p} < \infty\}$$

für $1 \leq p < \infty$; und für $p = \infty$:

$$S_\infty(m) = \{\phi \mid \phi \in C^\infty(R^r), ||\phi||_{S_\infty} = \sup_{\substack{x\in R^r\\ k,q}} |(1+x^2)^k D^q\phi(x) m_{k,q}| < \infty\} ,$$

wobei gesetzt wurde

$$(1+x^2)^k = (1+x_1^2)^{k_1} \ldots (1+x_r^2)^{k_r} .$$

Die Räume $S_\infty(m)$ findet man bei Gelfand-Schylow [1], Mitjagin [1] und Roumieu [1] definiert. Die Räume $S_p(m)$, $p < \infty$ kann man als eine Verallgemeinerung der Sobolev-Räume $W_p^{(\ell)}(R^r)$ auf dlich viele Ableitungen auffassen.

Satz. Die Räume $S_p(m)$, $1 \leq p \leq \infty$ sind Banachräume, speziell ist der Raum $S_2(m)$ ein Hilbertraum. (Das Skalarprodukt von $S_2(m)$ ist durch

$$(\phi,\psi)_{S_2} = \sum_{k,q} \int_{R^r} D^q\phi(x)\cdot\overline{D^q\psi(x)}(1+x^2)^{2k} m_{k,q}^2 \, dx$$

gegeben.)

Beweis. Wir beweisen hier die Vollständigkeit für $1 \leq p < \infty$; die Vollständigkeit für $p = \infty$ sieht man leicht ein (man manipuliert nur mit der fast gleichmäßigen Konvergenz). Wir haben

$$\tilde{m}_{o,\ell}\Big(\sum_{\substack{|q|\leq \ell\\ k=o}} \int_{R^r} |D^q\phi(x)|^p\Big)^{1/p} \leq \Big(\sum_{\substack{|q|\leq \ell\\ k=o}} \int_{R^r} |D^q\phi(x)m_{o,q}|^p dx\Big)^{1/p} \leq ||\phi||_{S_p},$$

wobei $\tilde{m}_{o,\ell} = \min_{|q|\leq \ell} m_{o,q}$ gesetzt wurde, d.h.

(1) $$||\phi||_{W_p^{(\ell)}} \leq \tilde{m}_{o,\ell}^{-1} \cdot ||\phi||_{S_p} .$$

Benutzen wir die Sobolevsche Ungleichung, siehe § 3. 1. Lemma,

$$||\phi||_{W_\infty^o} \leq c||\phi||_{W_p^{(\ell)}} , \qquad \ell > \frac{r}{p}$$

so können wir die Ungleichung (1) verlängern zu

(2) $$||D^q\phi||_{W_\infty^o} \leq c||\phi||_{W_p^{(\ell)}} \leq c\tilde{m}_{o,\ell}^{-1} \cdot ||\phi||_{S_p} ,$$

wobei $\ell > r/p + |q|$. Aus (2) ersieht man erstens, daß man in der Definition der S_p-Räume $\phi \in C(R^r)$ (stetig) nehmen kann und die Ableitung in schwachem Sinne - man erhält dann notwendigerweise $\phi \in C^\infty(R^r)$; und zweitens, daß die Konvergenz in $S_p(m)$ die gleichmäßige Konvergenz aller Ableitungen D^q nach sich zieht.

Sei ϕ_n eine Cauchyfolge in $S_p(m)$. Aus (2) folgt

$$D^q\phi_n - D^q\phi_m \to 0 \quad \text{gleichmäßig in } R^r$$

oder

(3) $$D^q\phi_n \to \phi^{(q)} \qquad \text{gleichmäßig.}$$

Die gleichmäßige Konvergenz hat aber die Eigenschaft, daß

(4) $$\phi^{(q)} = D^q\phi^o .$$

(3) und (4) ergeben, multipliziert mit $(1+x^2)^k$

(5) $$(1+x^2)^k D^q(\phi_n - \phi_o) \to 0 \quad \text{fast gleichmäßig} .$$

Wenden wir das Fatousche Lemma, Halmos [1], S. 113, zweimal an, nämlich auf die "Integrale" $\sum_{k,q}$ und $\int_{R^r} dx$, so erhalten wir

(6) $$\begin{aligned}\sum_{k,q}\int_{R^r} |(1+x^2)^k D^q(\phi_n-\phi_o)m_{k,q}|^p dx &= \sum_{k,q}\int_{R^r} \lim_{m\to\infty} |(1+x^2)^k D^q(\phi_n-\phi_m)m_{k,q}|^p dx\\ &\leq \liminf_m \sum_{k,q}\int_{R^r} |(1+x^2)^k D^q(\phi_n-\phi_m)m_{k,q}|^p dx \leq \varepsilon^p,\end{aligned}$$

wobei die erste Gleichung eine Konsequenz von (5) ist und die letzte Ungleichung daraus folgt, daß ϕ_n eine Cauchyfolge in $S_p(m)$ ist. (6) bedeutet aber, daß $\phi_o = \phi_n - (\phi_n - \phi_o)$ zu $S_p(m)$ gehört und daß gilt $\phi_n \to \phi_o$ in $S_p(m)$, d.h. der Raum $S_p(m)$ ist vollständig.

§ 2. Dichteeigenschaften der W-Räume.

Wir wollen hier Sätze angeben, die besagen, welche Funktionen dicht in den W-Räumen liegen. Die Sätze § 2.1. Satz 1, Satz 3 und § 2.2. Satz stammen von Floret [1].

1. $\overset{\circ}{W}$-Sätze. Die Funktionen $\phi \in \mathcal{D}_\Omega$ liegen auch in $W_p^\ell(M,\Omega)$, d.h. $\mathcal{D}_\Omega \subset W_p^\ell(M,\Omega)$, denn wir haben für $1 \leq p < \infty$

$$||\phi||_{W_p^\ell} = \Big(\sum_{|\alpha|\leq \ell} \int_K |D^\alpha \phi(x) M(x)|^p dx\Big)^{1/p} \leq \Big(\sum_{|\alpha|\leq \ell} \int_K M^p(x)dx\Big)^{1/p} \max_{\substack{|\alpha|\leq \ell \\ x\in K}} |D^\alpha \phi(x)| < \infty$$

bzw. für $p = \infty$

$$||\phi||_{W_\infty^\ell} = \sup_{\substack{|\alpha|\leq \ell \\ x\ K}} |D^\alpha \phi(x) M(x)| \leq \max_{x\in K} |M(x)| \cdot \max_{\substack{|\alpha|\leq \ell \\ x\ K}} |D^\alpha \phi(x)| < \infty$$

da der Träger $K = \operatorname{supp} \phi$ kompakt ist.

Definition. Wir bezeichnen die abgeschlossene Hülle von $\mathcal{D}_\Omega$ in $W_p^\ell(M,\Omega)$ als Raum $\overset{\circ}{W}{}_p^\ell(M,\Omega)$, d.h.

$$\bar{\mathcal{D}}_\Omega^{W_p^\ell(M,\Omega)} = \overset{\circ}{W}{}_p^\ell(M,\Omega) .$$

Wir können im allgemeinen nicht erwarten, daß $\mathcal{D}_\Omega$ immer in $W_p^\ell(M,\Omega)$ dicht ist, dieser Satz ist schon für die Sobolevschen Räume $W_p^\ell(\Omega)$, $\Omega \neq R^r$, $\ell \neq 0$ falsch.

Satz 1. Wir haben

$$\overset{\circ}{W}{}_p^\ell(M,\Omega) = \overline{\{\phi \mid \phi \in W_p^\ell(M,\Omega),\ \operatorname{supp} \phi \text{ kompakt} \subset \Omega\}}.$$

Bemerkung. Da es sich für $p < \infty$ nicht um stetige Funktionen ϕ handelt, müssen wir den Träger von ϕ definieren. Wir definieren

$$\operatorname{supp} \phi = \bigcap K ,$$

wobei wir K abgeschlossen nehmen und derart, daß

$$\int_\Omega |\phi|^p M^p(x)dx = \int_K |\phi|^p M^p(x)dx$$

gilt.

Beweis. Sei

$$\rho_\varepsilon(x) = \begin{cases} 0 & \text{für } |x| \geq \varepsilon, \\ \frac{C}{\varepsilon^r} \exp\left(\frac{\varepsilon^2}{|x|^2-\varepsilon^2}\right) & \text{für } |x| < \varepsilon, \end{cases}$$

und C so bestimmt, daß

$$C \cdot \int_{R^r} \exp\left(\frac{1}{|x|^2-1}\right) = 1$$

ist. Dann gilt $\rho_\varepsilon \in \mathcal{D} = \mathcal{D}_{R^r}$ und

$$\int_{R^r} \rho_\varepsilon(x)dx = 1 .$$

Für $\phi \in W_p^\ell(M,\Omega)$ mit kompaktem Träger $K \subset \Omega$ ist dann die Regularisierung (Schwartz [1], Bd. 2)

$$\phi_\varepsilon(x) = (\rho_\varepsilon * \phi)(x) = \int_{R^r} \rho_\varepsilon(x-t)\phi(t)dt$$

eine Funktion aus $\mathcal{D}$, wobei

$$\operatorname{supp} \phi_\varepsilon \subset K + \varepsilon = \{x+y \mid x \in K, |y| \le \varepsilon\}.$$

Ist $\varepsilon_o > 0$ so gewählt, daß $K + \varepsilon_o \subset \Omega$, so gilt $\phi_\varepsilon \in \mathcal{D}_\Omega$ für $\varepsilon \le \varepsilon_o$ und es bleibt

$$\phi_\varepsilon \xrightarrow[\varepsilon \to o]{} \phi \quad \text{in } W_p^\ell(M,\Omega), \qquad \varepsilon \le \varepsilon_o ,$$

zu zeigen.

Wegen

$$D^\alpha \phi_\varepsilon = D^\alpha \phi * \rho_\varepsilon$$

und

$$\int_{|x| \le \varepsilon} \rho_\varepsilon(x)dx = 1$$

haben wir

$$||\phi_\varepsilon - \phi||^p_{W_p^\ell} \le \sum_{|\alpha| \le \ell} \int_\Omega \left(\int_\Omega |D^\alpha\phi(y) - D^\alpha\phi(x)|\rho_\varepsilon(x-y)dy\right)^p M(x)^p dx$$

und aus der Hölderschen Ungleichung ($\frac{1}{p} + \frac{1}{q} = 1$) folgt

$$\le \sum_{|\alpha| \le \ell} \int_\Omega \int_\Omega |D^\alpha\phi(y) - D^\alpha\phi(x)|^p \rho_\varepsilon(x-y)dy \underbrace{\left(\int_\Omega \rho_\varepsilon(x-y)dy\right)^{p/q}}_{=1} M(x)^p dx =$$

$$= \sum_{|\alpha| \le \ell} \int_\Omega \int_\Omega |D^\alpha\phi(y) - D^\alpha\phi(z+y)|^p M^p(z+y)\rho_\varepsilon(z)dzdy =$$

$$= \sum_{|\alpha| \le \ell} \int_{|z| \le \varepsilon_o} \int_{K+\varepsilon_o} |D^\alpha\phi(y) - D^\alpha\phi(z+y)|^p M(z+y)^p dy \rho_\varepsilon(z)dz.$$

Wegen $0 < C \le M(x) \le D < \infty$ für $x \in K + \varepsilon_o$ gilt

$$\left(\int_{K+\varepsilon} |D^\alpha\phi(z+y)|^p dy\right)^{1/p} \le \frac{1}{C} ||\phi||_{W_p^\ell}, \qquad |z| \le \varepsilon_o/2$$

und nach Weil [1] dann

$$F_\alpha(z) = \int_{K+\varepsilon_o} |D^\alpha\phi(y) - D^\alpha\phi(z+y)|^p d_y \to 0 \quad \text{für} \quad |z| \le \varepsilon \to 0 .$$

Somit erhält man

$$||\phi_\varepsilon - \phi||_{W_p^\ell} \le D\left(\sum_{|\alpha| \le \ell} \int_{|z| \le \varepsilon_o} F_\alpha(z)\rho_\varepsilon(z)dz\right)^{1/p} \le D \sup_{|z| \le \varepsilon} \left(\sum_{|\alpha| \le \ell} |F_\alpha(z)|\right)^{1/p} \to 0$$

für $\varepsilon \to 0$. Den Beweis für $p = \infty$ erhält man aus

$$||\phi_\varepsilon - \phi||_{W_\infty^\ell} \le \sup_{\substack{|\alpha| \le \ell \\ x \in K}} \int_\Omega |D^\alpha\phi(y) - D^\alpha\phi(x)|\rho_\varepsilon(x-y)dy \cdot M(x)$$

$$= \sup_{\substack{|\alpha| \le \ell \\ x \in K}} \int_{|z| \le \varepsilon_o} |D^\alpha\phi(x-z) - D^\alpha\phi(x)|\rho_\varepsilon(z)dz \cdot M(x) \le$$

$$\leq D \cdot \sup_{\substack{|\alpha| \leq \ell \\ x\in K, |z|\leq \varepsilon_o}} |D^\alpha \phi(x-z) - D^\alpha \phi(x)| \to 0 ,$$

wobei sup $|D^\alpha\phi(x-z)-D^\alpha\phi(x)|$ gegen Null geht wegen der gleichmäßigen Stetigkeit von D^α. //

Bemerkung. Beim Beweis des Satzes 1 kommen für den Fall $\ell = 0$ keine (schwachen) Ableitungen vor.

Für $1 \leq p < \infty$ haben wir

Satz 2. $W_p^o(M,\Omega) = \overset{o}{W}{}_p^o(M,\Omega)$ oder $\mathcal{D}_\Omega$ liegt dicht in $L^p(\Omega, M^p dx)$.

Beweis. Sei $\phi \in L^p(\Omega, M^p dx)$ und sei K_n eine Ausschöpfung von Ω durch offene, relativ kompakte Mengen, derart daß

(1) $$\int_{K_n} |\phi(x)|^p M^p(x)dx \to \int_\Omega |\phi(x)|^p M^p(x) dx$$

und $\overline{K}_n \subset \Omega$.

Aus (1) folgt wegen $\int_\Omega |\phi(x)|^p M^p(x)dx < \infty$ sofort

(2) $$\int_{\complement K_n \cap \Omega} |\phi(x)|^p M^p(x)dx \to 0 .$$

Sei τ_n die charakteristische Funktion von K_n. Wegen der Voraussetzungen über $M(x)$ gehört $\tau_n \cdot \phi$ zu $L^p(\Omega, M^p dx) = W_p^o(M,\Omega)$ und hat einen kompakten Träger $\subset \overline{K}_n \subset \Omega$. Nach Satz 1 liegt damit $\tau_n \cdot \phi$ in $\overset{o}{W}{}_p^o(M,\Omega)$, d.h. $\tau_n \cdot \phi$ läßt sich in $L^p(\Omega, M^p dx)$ durch Funktionen aus $\mathcal{D}_\Omega$ approximieren. Wenn wir noch zeigen, daß $\tau_n \cdot \phi \to \phi$ in $L^p(\Omega, M^p dx)$ strebt, haben wir alles bewiesen. Nun ist aber wegen (2)

$$||\phi - \tau_n \phi||^p = \int_{\complement K_n \cap \Omega} |\phi(x)|^p M^p(x) dx \to 0 . \quad //$$

Bemerkung. Es ist wichtig, daß auch beim Beweis von Satz 2 keine schwachen Ableitungen vorkommen, denn wir haben Satz 2 dazu benutzt, um zu zeigen, daß die Definition der schwachen Ableitung eindeutig ist.

Im Falle $\Omega = R^r$ und $1 \leq p < \infty$ erhalten wir den

Satz 3. $$W_p^\ell(M,R^r) = \overset{o}{W}{}_p^\ell(M,R^r) .$$

Für $p = \infty$ ist dieser Satz im allgemeinen falsch; wie man sich für $M \equiv 1$ leicht überzeugt, hat man

$$W_\infty^\ell(R^r) \neq \overset{o}{W}{}_\infty^\ell(R^r) .$$

Beweis. Ist χ_n die charakteristische Funktion der Menge $K_n = \{x | \; |x| \leq n\}$, so gilt für $\tau_n = \chi_n * \rho_1 \in \mathcal{D}$

$$\operatorname{supp} \tau_n \subset K_{n+1}, \; \tau_n|_{K_{n-1}} \equiv 1$$

und

(*) $$|D^\alpha \tau_n(x)| \leq \int_{|y|\leq n} |D^\alpha \rho_1(x-y)| dy \leq \int_{R^r} |D^\alpha \rho_1(z)| dz \leq B$$

für $|\alpha| \leq \ell$ und alle n, d.h. B ist von n unabhängig.

Ist $\phi \in W_p^\ell(M,R^r)$ gegeben, so ist wegen der Produktregel und Satz 1

$$\tau_n\phi \in \overset{\circ}{W}{}_p^\ell(M,R^r) .$$

Aus

$$(D^\alpha\phi - D^\alpha(\tau_n\phi))(x) = \begin{cases} 0 & , x \in K_{n-1}, \\ \sum_{|\beta|+|\gamma|\le|\alpha|} C^\alpha_{\beta,\gamma} D^\beta(1-\tau_n(x))D^\gamma\phi(x), & x \notin K_{n-1}, \end{cases}$$

($C^\alpha_{\beta,\gamma}$ nach der Leibnitzschen Regel)

ergibt sich dann

$$||\phi-\tau_n\phi||_{W_p^\ell} = \Big(\sum_{|\alpha|\le\ell} \int_{x\notin K_{n-1}} \Big|\sum_{|\beta|+|\gamma|\le|\alpha|} C^\alpha_{\beta,\gamma} D^\beta(1-\tau_n(x))D^\gamma\phi(x)M(x)\Big|^p dx\Big)^{1/p}$$

$$\le B\cdot C\Big(\sum_{|\alpha|\le\ell} \int_{x\notin K_{n-1}} |D^\alpha\phi(x)M(x)|^p dx\Big)^{1/p} \to 0 \quad \text{für } n \to \infty$$

(B aus (*)!), da die Integrale

$$\int_{R^r} |D^\alpha\phi(x)M(x)|^p dx$$

konvergent sind. //

<u>2. W-Sätze.</u> <u>Satz.</u> $C^\infty(\overline{\Omega}) \cap W_p^\ell(M,\Omega)$ liegt dicht in $W_p^\ell(M,\Omega)$.

Beweis. Sei $\{\Omega_i; i \in \mathbb{N}\}$ eine lokalendliche (d.h. für jeden Punkt $x \in \Omega$ existiert eine Umgebung $\mathcal{U} \in \mathfrak{N}(x)$ für die $\mathcal{U} \cap \Omega_i \neq \emptyset$ höchstens endlich oft gilt) Überdeckung von Ω durch offene, relativ kompakte Mengen Ω_i, $\overline{\Omega}_i \subset \Omega$, und $\{\alpha_i; i \in \mathbb{N}\}$ eine Partition der Eins auf Ω mit $\alpha_i \in \mathcal{D}$ und

$$\operatorname{supp} \alpha_i \subset \Omega_i ,$$

(Schwartz [1]). Dann ist für $\phi \in W_p^\ell(M,\Omega), |s| \le \ell$,

$$\sum_{i=1}^\infty D^s(\phi\cdot\alpha_i) = D^s\Big(\sum_{i=1}^\infty \phi\cdot\alpha_i\Big) = D^s\phi \tag{1}$$

fast überall absolut konvergent.

Da $\operatorname{supp} \phi\alpha_i \subset \Omega_i$ kompakt ist, gibt es nach § 2.1. Satz 1. Funktionen $\phi_i^n \in \mathcal{D}_{\Omega_i}$, so daß

$$\phi_i^n \xrightarrow[n\to\infty]{} \phi\alpha_i \quad \text{in} \quad W_p^\ell(M,\Omega_i)$$

aber auch in $W_p^\ell(M,\Omega)$ gilt; man kann

$$||\phi_i^n - \phi\alpha_i||_{W_p^\ell} \le \frac{1}{2^i n}, \qquad i,n \in \mathbb{N} \tag{2}$$

voraussetzen.

Da $\operatorname{supp} \phi_i^n \subset \Omega_i$ und $\{\Omega_i\}$ lokalendlich ist, konvergieren die lokalendlichen Summen

$$\sum_{i=1}^\infty D^s\phi_i^n = D^s\Big(\sum_{i=1}^\infty \phi_i^n\Big) \tag{3}$$

punktweise absolut und

$$\sum_{i=1}^{\infty} \phi_i^n = \phi^n \in C^\infty(\Omega) .$$

Aus der Abschätzung (nach (2))

$$(\int_\Omega (\sum_{i=1}^{N} |D^s(\phi_i^n - \phi\alpha_i)(x)|M(x))^p dx)^{1/p} \le \qquad {}^{*)}$$

(4) $$\le A \sum_{i=1}^{N} (\int_\Omega |D^s(\phi_i^n - \phi\alpha_i)(x)M(x)|^p dx)^{1/p} \le$$

$$\le \sum_{i=1}^{N} \frac{1}{2^i n} \le \frac{A}{n}$$

folgt nach dem Satz von Beppo Levi (z.B. Bourbaki [1] Chap. IV, § 3, 6, Th. 5)

$$(\int_\Omega (\sum_{i=1}^{\infty} |D^s(\phi_i^n - \phi\alpha_i)(x)|M(x))^p dx)^{1/p} \le \frac{A}{n} .$$

Somit erhält man für $|s| \le \ell$ nach (1) und (3)

$$(\int_\Omega |D^s(\phi^n - \phi)(x)M(x)|^p dx)^{1/p} \le$$

$$\le \int_\Omega (\sum_{i=1}^{\infty} |D^s(\phi_i^n - \phi\alpha_i)(x)|M(x))^p dx)^{1/p} \le \frac{A}{n} ,$$

sodaß $\phi^n \in W_p^\ell(M,\Omega) \cap C^\infty(\Omega)$ und

$$||\phi^n - \phi||_{W_p^\ell} \le \frac{A}{n} ,$$

also

$$\phi^n \to \phi \quad \text{in} \quad W_p^\ell(M,\Omega)$$

bewiesen ist.

Der Beweis für $p = \infty$ ergibt sich, indem man von (4) ab die Integrale $\int_\Omega$ durch das Zeichen $\sup_{x \in \Omega}$ ersetzt. //

<u>Korollar.</u> $C^\ell(\Omega) \cap W_p^\ell(M,\Omega)$ ist dicht in $W_p^\ell(M,\Omega)$.

Dies bedeutet, daß die Menge der Funktionen, die die Definitionsbedingungen von $W_p^\ell(M,\Omega)$ mit gewöhnlichen stetigen Ableitungen erfüllen, in $W_p^\ell(M,\Omega)$ dicht liegen. Man hat somit einen anderen Zugang zu den W_p^ℓ-Räumen gefunden, der den Begriff der schwachen Ableitung vermeidet.

---

*) Hierzu muß $\{\Omega_i\}$ so gewählt sein, daß

$$\text{Card } \{i | x \quad \Omega_i\} \le L$$

für ein $L < \infty$ und alle $x \in \Omega$ ist, die Summe im Integranden in jedem Punkt also höchstens L Glieder besitzt.

§ 3. Stetige Einbettungen

Wir wollen stetige Einbettung zwischen den einzelnen Raumklassen W, A und S studieren. Dabei handelt es sich genau genommen nicht immer um Einbettungen = Injektionen, sondern um Restriktion von Funktionen von einem größeren Definitionsbereich auf einen kleineren. Wir wollen deshalb statt $\subset$ das Zeichen $\to$ verwenden.

1. W-Räume. Satz 1. Seien die Voraussetzungen $\Omega_1 \supset \Omega_2$, $C\cdot M_1(x) \geq M_2(x)$ und $\ell_1 \geq \ell_2$ erfüllt. Dann ist die Einbettung

$$W_p^{\ell_1}(M_1,\Omega_1) \to W_p^{\ell_2}(M_2,\Omega_2)$$

stetig.

Der Beweis ergibt sich aus

$$||\phi||_{W_p^{\ell_2}} \leq C||\phi||_{W_p^{\ell_1}}, \qquad \phi \in W_p^{\ell_1} .$$

Satz 2. Seien die Voraussetzungen $\Omega_1 \supset \Omega_2$, $\ell_1 \geq \ell_2$, $1 \leq p < \infty$ und

$$(HS_1) \qquad \int_{\Omega_2} \left(\frac{M_2(x)}{M_1(x)}\right)^p dx < \infty$$

erfüllt. Dann ist die Einbettung

$$W_\infty^{\ell_1}(M_1,\Omega_1) \to W_p^{\ell_2}(M_2,\Omega_2)$$

stetig.

Beweis. Wir haben nach Definition der W-Normen

$$\sum_{|s|\leq \ell_2} \int_{\Omega_2} |D^s\phi(x)M_2(x)|^p dx \leq \sum_{|s|\leq \ell_1} \int_{\Omega_2} |D^s\phi(x)M_2(x)|^p dx \leq$$

$$\leq \ell_1 r^{\ell_1} \int_{\Omega_2} \left(\frac{M_2(x)}{M_1(x)}\right)^p dx\cdot\left[\sup_{\substack{x\in\Omega_1\\ |s|\leq\ell_1}} |D^s\phi(x)M_1(x)|\right]^p .$$

oder

$$||\phi||_{W_p^{\ell_2}(M_2,\Omega_2)} \leq A||\phi||_{W_\infty^{\ell_1}(M_1,\Omega_1)} \qquad \text{für } \phi \in W_\infty^{\ell_1} . \quad //$$

Wir wollen für den Sobolevschen Raum $W_p^\ell(\Omega)$ $(M \equiv 1)$ das Sobolevsche Lemma herleiten, wobei Ω der Kegelbedingung genügt. Dabei verstehen wir unter der Kegelbedingung folgendes:

Sei x_o ein Punkt von R^r und Σ die Einheitssphäre $|x| = 1$; sei γ eine Menge positiven Maßes auf der Einheitssphäre Σ und R eine positive Zahl. Die Menge $K_{x_o}(\gamma,R)$ aller x derart, daß

$$\frac{x-x_o}{|x-x_o|} \in \gamma, \qquad 0 < |x-x_o| \leq R ,$$

gilt, wollen wir als "Kegel" bezeichnen; x_o ist die Spitze dieses Kegels. Wir sagen, daß ein Bereich Ω die "Kegelbedingung" erfüllt, falls man zu jedem $x_o \in \bar{\Omega}$ einen in Ω enthaltenen Kegel $K_{x_o}(\gamma_{x_o}, R)$ finden kann, derart, daß R unabhängig von x_o ist, und γ_{x_o} kongruent zu einer festen Menge γ auf Σ.

Lemma (Sobolev). Es erfülle Ω die Kegelbedingung mit dem Radius R und es sei $\ell > \frac{r}{p}$ (für p = 1, genügt es vorauszusetzen $\ell \geq r$). Dann sind die Elemente aus $W_p^\ell(\Omega)$ stetige Funktionen auf $\bar{\Omega}$ und die Einbettung

$$(1) \qquad W_p^\ell(\Omega) \to W_\infty^o(\bar{\Omega})$$

ist stetig. Wir haben

$$(2) \qquad \|\phi\|_{W_\infty^o(\bar{\Omega})} \leq c\|\phi\|_{W_p^\ell(\Omega)}, \qquad \phi \in W_p^\ell(\Omega),$$

wobei für große R die Sobolevsche Konstante c universell (und endlich) ist, während für kleine R gilt

$$(3) \qquad c \leq B \cdot R^{-r/p} .$$

Beweis. Sei $\phi \in C^\infty \cap W_p^\ell(\Omega)$ und e(x) eine nichtnegative Funktion aus C^∞ mit

$$e(x) = \begin{cases} 1 & \text{für } |x| < \frac{1}{2}, \\ 0 & \text{für } |x| > 1 . \end{cases}$$

für $e_R(x) = e\left(\frac{(x-x_0)}{R}\right)$ haben wir dann

$$e_R(x) = \begin{cases} 1 & \text{für } |x-x_o| < \frac{1}{2}R, \\ 0 & \text{für } |x-x_o| > R , \end{cases}$$

sowie

$$(4) \qquad |D^s e_R(x)| \leq \frac{c_s}{R^s} ,$$

wobei wir geschrieben haben $c_s = \max_x |D^s e(x)|$.

Wie man sich leicht überzeugt, gilt

$$\phi(x_o) = -\int_0^R \frac{\partial e_R\phi}{\partial\rho} d\rho = \frac{(-1)^\ell}{(\ell-1)!}\int_0^R \rho^{\ell-1}\frac{\partial^\ell e_R\phi}{\partial\rho^\ell} d\rho, \qquad \rho = |x-x_o| .$$

Falls wir über γ_{x_o} auf der Einheitssphäre integrieren, erhalten wir nach Anwendung der Hölderschen Ungleichung

$$|\text{mes}\,\gamma\cdot\phi(x_o)| = \left|\frac{1}{(\ell-1)!}\int_{K_{x_o}(\gamma_{x_o},R)} \rho^{\ell-r}\frac{\partial^\ell e_R\phi}{\partial\rho^\ell} dx\right| \leq$$

$$\leq \frac{1}{(\ell-1)!}\left|\int_{K_{x_o}(\gamma,R)} \rho^{p'(\ell-r)} dx\right|^{1/p'} \cdot \left|\int_{K_{x_o}(\gamma_{x_o},R)} \left|\frac{\partial^\ell e_R\phi}{\partial\rho^\ell}\right|^p dx\right|^{1/p}$$

$$\leq \frac{1}{(\ell-1)!}\left|\int_{K_{x_o}(\gamma,R)} \rho^{p'(\ell-r)} dx\right|^{1/p'} \cdot \|e_R\phi\|_{W_p^\ell}, \qquad \frac{1}{p}+\frac{1}{p'} = 1 ,$$

wobei letztere Ungleichung daraus folgt, daß nach der Kegelbedingung gilt

$$K_{x_o}(\gamma_{x_o}, R) \subset \Omega .$$

Nun wollen wir den Wert von

(6) $$\int_{K_{x_o}(\gamma,R)} \rho^{p'(\ell-r)}dx = \int_{K_{x_o}(\gamma,R)} |x-x_o|^{p'(\ell-r)}dx$$

abschätzen. Offensichtlich liegt der Kegel $K_{x_o}(\gamma,R)$ in der Kugel $K(x_o,R)$, (6) läßt sich also abschätzen durch

(7) $$\leq \int_{K(x_o,R)} |x-x_o|^{p'(\ell-r)}dx = \int_{K(0,R)} |x|^{p'(\ell-r)}dx = 2\,\frac{\pi^{r/2}R^{p'(\ell-r)+r}}{\Gamma(\frac{r}{2})(p'(\ell-r)+r)} =$$
$$= B_1\, R^{p'(\ell-r)+r}\;.$$

Wendet man in $||e_R\phi||_{W_p^\ell}$ von (5) die Leibnizsche Produktregel an und berücksichtigt (4), so erhält man

(8) $$||e_R\phi||_{W_p^\ell} \leq \max_{|s|\leq\ell} \frac{c_s}{R^{|s|}}\cdot||\phi||_{W_p^\ell}\;.$$

(7) und (8), eingesetzt in (5), ergeben

(9) $$\sup_{x\in\Omega} |\phi(x)| \leq B_2R^{(p\ell-r)/p} \max_{|s|\leq\ell} \frac{c_s}{R^{|s|}}\cdot||\phi||_{W_p^\ell}\;,$$

was für genügend kleine R die Abschätzung der Sobolevschen Konstanten ergibt

(3) $$c \leq B\cdot R^{-r/p}\;.$$

Die Universalität der Sobolevschen Konstanten für große R ergibt sich einfach aus der Bemerkung, daß ein Bereich, der für ein gegebenes R die Kegelbedingung erfüllt, sie auch für jedes $R' < R$ erfüllt. (9) gilt für alle $\phi\in C^\infty(\bar\Omega)\cap W_p^\ell(\Omega)$, nach § 2.2. Satz 1 ist $C^\infty(\bar\Omega)\cap W_p^\ell(\Omega)$ dicht in $W_p^\ell(\Omega)$, also erhalten wir (2) durch stetige Fortsetzung von (9), womit für $1 < p < \infty$ alles bewiesen ist. Um den Beweis für $p = 1$ zu erhalten, muß man (5) abändern zu

(5)' $$|\mathrm{mes}\;\gamma\cdot\phi(x_o)| \leq \frac{1}{(\ell-1)!} \sup_{x\in K_{x_o}(\gamma,R)} \rho^{\ell-r}\cdot||e_R\phi||_{W_1^\ell}\;,$$

und (6) und (7) zu

$$\sup_{x\in K_{x_o}(\gamma,R)} |x-x_o|^{\ell-r} \leq \sup_{x\in K(0,R)} |x|^{\ell-r} = R^{\ell-r}$$

und man sieht auch, daß es in diesem Falle genügt zu fordern $\ell \geq r$. //

<u>Korollar.</u> Die Einbettung

(10) $$\mathring{W}_p^\ell(\Omega) \to \mathring{W}_\infty^o(\bar\Omega)$$

ist stetig für jedes Gebiet Ω und $\ell > \frac{r}{p}$, bzw. $\ell \geq r$ falls $p = 1$.

Beweis. Wir nehmen das Sobolevsche Lemma für $\Omega = R^r$ und nehmen $\phi\in\mathcal{D}_\Omega\subset\mathcal{D}_{R^r}\subset W_p^\ell(R)$. Wir haben dann wegen (2)

$$(11) \qquad \|\phi\|_{\overset{\circ}{W}{}^{o}_{\infty}(\bar{\Omega})} \le c\|\phi\|_{\overset{\circ}{W}{}^{\ell}_{p}(\Omega)}, \qquad \phi\in\vartheta_{\Omega} ;$$

da für $\phi\in\vartheta_{\Omega}$ gilt $\|\phi\|_{W^{\ell}_{p}(R^{r})} = \|\phi\|_{\overset{\circ}{W}{}^{\ell}_{p}(\Omega)}$. Setzen wir (11) stetig fort (nach Definition liegt ϑ_{Ω} dicht in $\overset{\circ}{W}{}^{\ell}_{p}(\Omega)$!), so erhalten wir (10). //

Satz 3. Es sei $\Omega_1 \supset \Omega_2$, $\ell_1 > \ell_2 + \frac{r}{p}$ (bzw. $\ell_1 \ge \ell_2 + r$ für $p = 1$) und Ω_2 lasse sich in Ω_1 durch Kugeln $K(t,d_t)$ derart überdecken, daß die Bedingung

$$(HS_2) \qquad d_t^{-r/p}\,\frac{M_2(t)}{M_1(x)} \le A < \infty \quad \text{für} \quad t\in\Omega_2,\ x\in K(t,d_t)\subset\Omega_1$$

erfüllt ist. Dann ist die Einbettung

$$W^{\ell_1}_{p}(M_1,\Omega_1) \to W^{\ell_2}_{\infty}(M_2,\Omega_2)$$

stetig.

Beweis. Wegen des Sobolevschen Lemmas, angewandt auf die Kugel $K(t,d_t)$ haben wir für $|s| \le \ell_2$, $t\in\Omega_2$, und $\ell_1 > \ell_2 + \frac{r}{p}$ (bzw. $\ell_1 \ge \ell_2 + r$)

$$|D^s\phi(t)M_2(t)| \le B d_t^{-r/p} M_2(t)\Big[\sum_{|k|\le\ell_1}\int_{K(t,d_t)} |D^k\phi(x)|^p dx\Big]^{1/p} \le$$

$$\le B d_t^{-r/p} M_2(t) \sup_{x\in K(t,d_t)}\Big[\frac{1}{M_1(x)}\Big]\cdot\Big[\sum_{|k|\le\ell_1}\int_{\Omega_1} |D^k\phi(x)\,M_1(x)|^p dx\Big]^{1/p},$$

oder, falls wir die Konstante aus (HS_2) benutzen,

$$\|\phi\|_{W^{\ell_2}_{\infty}(M_2,\Omega_2)} \le A\cdot B\cdot\|\phi\|_{W^{\ell_1}_{p}(M_1,\Omega_1)} .$$

Bemerkung. Wir haben hier - der Einfachheit halber - die Überdeckungseigenschaft (HS_2) mit Kugeln gewählt. Man kann - allgemeiner - (HS_2) mit Hilfe von Sobolevschen Bereichen formulieren. Dabei ist ein Sobolevscher Bereich eine Menge Ω für die das Sobolevsche Lemma gilt

$$W^{\ell}_{p}(\Omega) \to W^{o}_{\infty}(\bar{\Omega}) \text{ stetig, d.h. } \|\phi\|_{W^{o}_{\infty}} \le S(\Omega)\|\phi\|_{W^{\ell}_{p}} ;$$

hier ist $S(\Omega)$ die Sobolevsche Konstante.

(HS_2) lautet dann, Ω_2 lasse sich in Ω_1 derart durch Sobolevsche Bereiche ω_t überdecken, daß gilt

$$(HS_2) \qquad S(\omega_t)\,\frac{M_2(t)}{M_1(x)} \le A < \infty \quad \text{für alle } t\in\Omega_2,\ x\in\omega_t\subset\Omega_1 .$$

2. A-Räume. Wir wollen nun die Einbettungstheoreme für die A-Räume formulieren und beweisen.

Satz 1. Seien die Voraussetzungen $G_1 \supset G_2$ und $C\cdot M_1(x) \ge M_2(x)$ erfüllt. Dann ist die Einbettung

$$A_p(M_1,G_1) \to A_p(M_2,G_2)$$

stetig.

Der Beweis ergibt sich aus

$$||\phi||_{A_p(M_2,G_2)} \leq C||\phi||_{A_p(M_1,G_1)},\ \phi\in A_p(M_1,G_1)\ .$$

Satz 2. Seien die Voraussetzungen $G_1 \supset G_2$, $1 \leq p < \infty$ und

$$(HS_1) \qquad \int_{G_2} \left(\frac{M_2(z)}{M_1(z)}\right)^p dz < \infty$$

erfüllt. Dann ist die Einbettung

$$A_\infty(M_1,G_1) \to A_p(M_2,G_2)$$

stetig.

Beweis. Wir haben nach Definition der A-Normen

$$\int_{G_2} |\phi(z)M_2(z)|^p dz \leq \int_{G_2} \left(\frac{M_2(z)}{M_1(z)}\right)^p dz \left(\sup_{z\in G_1} |\phi(z)M_1(z)|\right)^p ,$$

oder

$$||\phi||_{A_p(M_2,G_2)} \leq C||\phi||_{A_\infty(M_1,G_1)} \quad \text{für} \quad \phi\in A_\infty(M_1,G_1)\ .\ //$$

Satz 3. Es sei $G_1 \supset G_2$ und G_2 lasse sich in G_1 durch Polykreise (siehe § 1.2) $D(z,d_z)$ derart überdecken, daß die Bedingung

$$(HS_2) \qquad d_z^{-2r/p}\ \frac{M_2(z)}{M_1(w)} \leq A < \infty \quad \text{für } z\in G_2,\quad w\in D(z,d_z)\subset G_1$$

erfüllt sei. Dann ist die Einbettung

$$A_p(M_1,G_1) \to A_\infty(M_2,G_2)$$

stetig.

Beweis. Wir verwenden die schon in § 1.2. benutzte Formel:

$$(1) \qquad \phi(z) = \frac{1}{(\pi d^2)^r} \int_{D(z,d)} \phi(w)dw$$

für holomorphe Funktionen $\phi(z)$. (1) wollen wir in Form einer Integralungleichung schreiben, wobei wir die Höldersche Ungleichung anwenden

$$|\phi(z)| \leq \frac{1}{(\pi d^2)^r} \int_{D(z,d)} |\phi(w)|dw \leq \frac{1}{(\pi d^2)^r} \left|\int_D |\phi(w)|^p dw\right|^{1/p} \left|\int_D dw\right|^{1/p}$$

$$\leq \frac{(\pi d^2)^{r/p}}{(\pi d^2)^r} \left(\int_{D(z,d)} |\phi(w)|^p dw\right)^{1/p} \qquad \text{für} \quad \frac{1}{p} + \frac{1}{p'} = 1\ ,$$

also

$$(2) \qquad |\phi(z)| \leq (\pi d^2)^{-r/p} \left(\int_{D(z,d)} |\phi(w)|^p dw\right)^{1/p} .$$

Mit Hilfe von (2) erhalten wir für $z\in G_2$, und dem Polykreis $D(z,d_z) \subset G_1$

$$|\phi(z)|M_2(z) \le \frac{M_2(z)}{(\pi d^2)^{r/p}} \left(\int_{D(z,d_z)} |\phi(w)|^p dw\right)^{1/p} \le$$

$$(3) \qquad \le \frac{M_2(z)}{(\pi d_z^2)^{r/p}} \cdot \sup_{w\in D(z,d_z)} \left[\frac{1}{M_1(w)}\right] \left(\int_{D(z,d_z)} |\phi(w)M_1(w)|^p dw\right)^{1/p} \le$$

$$\le \frac{A}{\pi^{r/p}} \left(\int_{G_1} |\phi(w)M_1(w)|^p dw\right)^{1/p},$$

wobei A die Konstante aus (HS_2) ist. Bilden wir in (3) das Supremum bezüglich z, so haben wir

$$||\phi||_{A_\infty(M_2,G_2)} \le \frac{A}{\pi^{r/p}} ||\phi||_{A_p(M_1,G_1)}, \qquad \phi \in A_p(M_1,G_1),$$

d.h. die Stetigkeit der Einbettung aus unserem Satz. //

Bemerkung. Auch hier kann man - wie in § 3.1. Satz 3 - die Polykreise durch Bereiche ersetzen, für die eine der Ungleichung (2) analoge Integralungleichung gilt.

3. S-Räume. Wir bringen die Sätze über stetige Einbettungen von S-Räumen.

Satz 1. Sei die Voraussetzung $Cm^1_{k,q} \ge m^2_{k,q}$ erfüllt. Dann ist die Einbettung

$$S_p(m^1) \to S_p(m^2)$$

stetig.

Der Beweis folgt aus

$$||\phi||_{S_p(m^2)} \le C||\phi||_{S_p(m^1)}, \qquad \phi \in S_p(m^1).$$

Satz 2. Sei die Voraussetzung

$$(HS_1) \qquad \sum_{k,q} \left(\frac{m^2_{k,q}}{m^1_{k+\bar{1},q}}\right)^p < \infty, \qquad 1 \le p < \infty,\ \bar{1} = (1,\dots,1) \in R^r$$

erfüllt. Dann ist die Einbettung

$$S_\infty(m^1) \to S_p(m^2)$$

stetig.

Beweis. Wir haben die Abschätzungen

$$||\phi||^p_{S_p(m^2)} = \sum_{k,q} \int |(1+x^2)^k D^q\phi(x)m^2_{k,q}|^p dx \le$$

$$\le \sup_{k,q} \left|\int |(1+x^2)^k D^q\phi(x)m^1_{k+\bar{1},q}|^p dx\right| \sum_{k,q} \left(\frac{m^2_{k,q}}{m^1_{k+\bar{1},q}}\right)^p \le$$

$$\le \sup_{\substack{k,q \\ x\in R^r}} \left||(1+x^2)^{k+\bar{1}} D^q(x)m^1_{k+\bar{1},q}|^p\right| \cdot \int_{R^r} \frac{dx}{(1+x^2)^{\bar{1}p}} \cdot \sum_{k,q} \left(\frac{m^2_{k,q}}{m^1_{k+\bar{1},q}}\right)^p$$

oder

$$||\phi||_{S_p(m^2)} \leq A||\phi||_{S_\infty(m^1)} , \qquad \phi \in S_\infty(m^1) . \quad //$$

Satz 3. Es sei die Bedingung

$$(HS_2) \quad \pi(k)\cdot\frac{m^2_{k,q}}{m^1_{k+\bar{1},q+s}} \leq C < \infty \text{ (mit } \pi(k) = (k_1+1)\ldots(k_r+1)) \text{ für } |s| \leq r \text{ und alle } k,q$$

erfüllt. Dann ist die Einbettung

$$S_p(m^1) \to S_\infty(m^2) , \qquad 1 \leq p < \infty$$

stetig.

In den Definitionen § 1.3. der S-Räume kann man die Bedingung $\phi \in C^\infty$ durch $\phi \in \mathcal{V}$ ersetzen. (Definition des Raumes $\mathcal{V}$ siehe § 14.) Dies folgt aus

$$\sum_{|k|,|q|\leq \ell} \int |(1+x^2)^k D^q \phi(x)|^p dx \leq \max_{|k|,|q|\leq \ell} \frac{1}{m^p_{k,q}} \cdot \sum_{k,q} \int_{R^r} |(1+x^2)^k D^q \phi(x) m_{k,q}|^p dx,$$

bzw.

$$\sup_{\substack{x\in R^r \\ |k|,|q|\leq \ell}} |(1+x^2)^k D^q \phi(x)| \leq \max_{|k|,|q|\leq \ell} \frac{1}{m_{k,q}} \sup_{\substack{x\in R^r \\ k,q}} |(1+x^2)^k D^q \phi(x) m_{k,q}| ,$$

und der Folgerung § 14.5., nach der man den Raum $\mathcal{V}$ äquivalenterweise auch mit L_p-Normen versehen kann.

Wir benötigen eine Integralungleichung, die für $\varphi \in \mathcal{V}$ gilt, nämlich

$$(1) \quad |(1+t^2)^k D^q \phi(t)| \leq \pi(k) \int_{R^r} (1+x^2)^k \sum_{|s|\leq r} |D^{s+q}\phi(x)| dx ,$$

wobei $\pi(k) = k_1+1)\ldots(k_r+1)$.

(1) ergibt sich aus

$$(1+x^2)^k D^q \phi(t) = \int_{-\infty}^{t_1} dx_1 \ldots \int_{-\infty}^{t_r} dx_r \cdot \frac{\partial}{\partial x_1} \cdots \frac{\partial}{\partial x_r} (1+x^2)^k D^q \phi(x) ,$$

indem man die Ableitungen $\frac{\partial}{\partial x_1}, \ldots, \frac{\partial}{\partial x_r}$ ausführt und naheliegende Abschätzungen durchführt.

Wenden wir die Höldersche Ungleichung auf (1) an (zweimal: einmal auf das Integral und einmal auf die Summe), so erhalten wir

$$(2) \quad |(1+t^2)^k D^q \phi(t)| \leq \pi(k) A_{p'} \left| \sum_{|s|\leq r} \int_{R^r} |(1+x^2)^{k+\bar{1}} D^{q+s} \phi(x)|^p dx \right|^{1/p} ,$$

wobei gesetzt wurden

$$A_{p'} = \left| \int_{R^r} \frac{dx}{(1+x^2)^{\bar{1}p'}} \right|^{1/p'} , \qquad \frac{1}{p} + \frac{1}{p'} = 1 .$$

Nun zum Beweis von Satz 3.

Beweis. Für fixierte $\underline{k}$, $\underline{q}$ haben wir

(3) $$(m^1_{\underline{k}+\overline{1},\underline{q}+s})^p \int |(1+x^2)^{\underline{k}+\overline{1}} D^{\underline{q}+s}\phi(x)|^p dx \le \sum_{k,q} \int |(1+x^2)^q D^q \phi(x) m^1_{k,q}|^p dx.$$

Multiplizieren wir beide Seiten von (3) mit $\dfrac{\pi^p(\underline{k})}{(m^1_{\underline{k}+\overline{1},\underline{q}+s})^p}$ und wenden wir die Bedingung

(HS_2) an, so erhalten wir

$$\pi^p(\underline{k}) \int |(1+x^2)^{\underline{k}+\overline{1}} D^{\underline{q}+s}\phi(x)|^p dx \le \frac{\pi^p(\underline{k})}{(m^1_{\underline{k}+\overline{1},\underline{q}+s})^p} \sum_{k,q} \int |(1+x^2)^k D^q \phi(x) m^1_{k,q}|^p dx \le$$

(4)

$$\le \left(\frac{C}{m^2_{\underline{k},\underline{q}}}\right)^p \sum_{k,q} \int |(1+x^2)^k D^q \phi(x) m^1_{k,q}|^p dx \quad \text{für} \quad |s| \le r .$$

(4) summieren wir über $\sum_{|s|\le r}$ und wenden (2) an. Aus diese Weise ergibt sich

$$|(1+t^2)^{\underline{k}} D^{\underline{q}}\phi(t)|^p \le \pi^p(\underline{k}) A^p_{p'} \sum_{|s|\le r} \int |(1+x^2)^{\underline{k}+1} D^{\underline{q}+s}\phi(x)|^p dx \le$$

$$\le \frac{A^p_{p'} C^p}{(m^2_{\underline{k},\underline{q}})^p} \cdot r^{r+1} \sum_{k,q} \int |(1+x^2)^k D^q \phi(x) m^1_{k,q}|^p dx ,$$

oder

$$||\phi||_{S_\infty(m^2)} \le A_{p'} \cdot C\, r^{r+1/p} ||\phi||_{S_p(m^1)} . \quad //$$

§ 4. Kompakte Einbettungen

Wir geben kompakte Einbettungen zwischen den Raumklassen W, A und S an. Dabei verweisen wir für den Begriff "kompakte Abbildung" auf E § 19, wo wir die wichtigsten Sätze über kompakte Abbildungen zusammengestellt haben.

1. W-Räume. Satz 1. Es seien die Voraussetzungen erfüllt: Ω_2 relativ kompakt, $\Omega_1 \supset \Omega_2$, $d(\Omega_2, C\Omega_1) > 0$, und $\ell_1 > \ell_2$. Dann ist die Einbettung

(1) $$W^{\ell_1}_\infty(\Omega_1) \to W^{\ell_2}_\infty(\Omega_2)$$

kompakt.

Satz 1'. Es sei Ω relativ kompakt (sonst beliebig) und $\ell_1 > \ell_2$. Dann ist die Einbettung

(1)' $$\overset{\circ}{W}{}^{\ell_1}_\infty(\Omega) \to \overset{\circ}{W}{}^{\ell_2}_\infty(\Omega)$$

kompakt.

Wir beweisen nur Satz 1, der Beweis von Satz 1' folgt aus Satz 1 durch Einbettung von $\overset{\circ}{W}{}^{\ell_1}_\infty(\Omega)$ in $W^{\ell_1}_\infty(\Omega')$, wobei $\Omega' \supset \Omega$ und $d(\Omega, C\Omega') > 0$

Wir müssen zeigen, daß die Einheitskugel von $W_\infty^{\ell_1}(\Omega_1)$ relativ kompakt in $W_\infty^{\ell_2}(\Omega_2)$ ist.

Sei $\phi_n \in W_\infty^{\ell_1}(\Omega_1)$ mit $||\phi_n||_{W_\infty^{\ell_1}} \leq 1$, wir zeigen, daß eine in $W_\infty^{\ell_2}(\Omega_2)$ konvergente Unterfolge von ϕ_n existiert. Wir bezeichnen mit $d = d(\Omega_2, C\Omega_1)$. Seien $x,y \in \bar\Omega_2$ mit $d(x,y) \leq \frac{d}{2}$, x, y gen dann in einem Würfel $Q_{\frac{d}{2}}$ mit der Seitenlänge $\frac{d}{2}$ und wir haben

$$x,y \in Q_{\frac{d}{2}} \subset \Omega_1 ,$$

woraus für $|s| = \ell_1 - 1$ folgt

$$\text{(2)} \qquad \begin{aligned} D^s\phi_n(y) - D^s\phi_n(x) &= \int_0^1 \frac{d}{dt} D^s\phi_n(x+t(y-x))dt = \\ &= \int_0^1 \sum_{i=1}^r \frac{\partial}{\partial x_i} D^s\phi_n(y_i - x_i)dt . \end{aligned}$$

Aus (2) erhalten wir wegen $||\phi_n||_{W_\infty^{\ell_1}} \leq 1$ die Abschätzung

$$\text{(3)} \qquad |D^s\phi_n(y) - D^s\phi_n(x)| \leq 1 \cdot \sum_{i=1}^r |y_i - x_i| \leq \sqrt{r}\ |y-x|$$

$$\text{für alle } n \text{ und } |s| = \ell_1 - 1 .$$

Nach § 3.1. Satz 1. ist die Einbettung (1) stetig, d.h. wir haben auch

$$\text{(4)} \qquad ||\phi_n||_{W_\infty^{\ell_2}} \leq 1 .$$

(3) und (4) zeigen, daß die Voraussetzungen des Satzes von Arzelà-Ascoli (siehe E § 17.1) auf $\bar\Omega_2$ erfüllt sind, d.h. es existiert eine auf $\bar\Omega_2$ gleichmäßig konvergente Unterfolge

$$D^s\phi_n^1(x) , \quad |s| = \ell_1 - 1 .$$

Gehen wir von $D^s\phi_n^1(x)$ aus, $|s| = \ell_1 - 1$, und wiederholen die obige Schlußweise, so erhalten wir eine Unterfolge ϕ_n^2, mit der Eigenschaft, daß

$$D^s\phi_n^2 \quad \text{für} \quad |s| = \ell_1 - 1 \quad \text{und} \quad |s| = \ell_1 - 2$$

gleichmäßig auf $\bar\Omega_2$ konvergiert. Fahren wir so fort, so erhalten wir nach ℓ_1 Schritten eine Unterfolge ϕ_{m_n} von ϕ_n derart, daß

$$D^s\phi_{m_n} \quad \text{für} \quad |s| \leq \ell_1 - 1$$

gleichmäßig auf $\bar\Omega_2$ konvergiert. Insbesondere ergibt sich

$$\phi_{m_n} \quad \text{konvergiert in } W_\infty^{\ell_2}(\Omega_2) . \ //$$

<u>Satz 2.</u> Es sei $\ell_1 > \ell_2$ und $\Omega_1 \supset \Omega_2$. Von Ω_2 setzen wir voraus, daß es sich durch relativ kompakte S_n derart ausschöpfen läßt, daß

$$S_n \subset S_{n+1} \subset \Omega_2 , \quad \bigcup_n S_n = \Omega_2 , \quad d(S_n, CS_{n+1}) > 0 ,$$

und es zu jedem $\varepsilon > 0$ ein n_ε gibt, daß für alle $x \in \Omega_2 \setminus S_{n_\varepsilon}$ gilt

(K) $$M_2(x) \leq \varepsilon M_1(x) .$$

Dann ist die Einbettung

$$W_\infty^{\ell_1}(M_1,\Omega_1) \to W_\infty^{\ell_2}(M_2,\Omega_2)$$

kompakt.

Beweis. Wieder müssen wir zeigen, daß zu jeder Folge $\phi_n \in W_\infty^{\ell_1}$ mit $||\phi_n||_{W_\infty^{\ell_1}} \leq 1$ eine Unterfolge ϕ_{m_n} existiert, die in $W_\infty^{\ell_2}$ konvergiert.

Wir haben für ϕ_n und $x \in S_2$

$$\min_{x\in S_2} M_1(x) \cdot \sup_{\substack{x\in S_2\\ |s|\leq \ell_1}} |D^s\phi_n(x)| \leq \sup_{\substack{x\in \Omega_1\\ |s|\leq \ell_1}} |D^s\phi_n(x)M_1(x)| \leq 1$$

oder

$$\sup_{\substack{x\in S_2\\ |s|\leq \ell_1}} |D^s\phi_n(x)| \leq \frac{1}{\min\limits_{x\in S_2} M_1(x)} = C_1, \qquad n = 1,2,\ldots ,$$

wobei wegen der Stetigkeit von $M_1(x) > 0$ auf $\bar{S}_2 \subset \Omega_1$ das Minimum $\min\limits_{x\in S_2} M_1(x)$ verschieden von Null ist. Da nach Voraussetzung gilt

$$S_1 \subset S_2 \quad \text{und} \quad d(S_1, CS_2) > 0 ,$$

können wir § 4.1. SAtz 1 anwenden und erhalten so eine Unterfolge ϕ_n^1, die in $W_\infty^{\ell_2}(S_1)$ konvergiert. Wir wiederholen obigen Gedankengang, nur nehmen wir statt $\{\phi_n\}$ die Unterfolge $\{\phi_n^1\}$ statt S_2 den Bereich S_3 und finden dann eine Unterfolge $\{\phi_n^2\}$ von $\{\phi_n^1\}$, die in

$$W_\infty^{\ell_2}(S_1) \quad \text{und} \quad W_\infty^{\ell_2}(S_2)$$

konvergiert. Indem wir auf diese Weise fortfahren und den Diagonalprozeß anwenden gewinnen wir eine Unterfolge $\{\phi_n^n\}$, die in jedem $W_\infty^{\ell_2}(S_k)$ konvergiert, (und wie man leicht feststellt, ist der Grenzwert ϕ_o diese Unterfolge nicht von k abhängig). Wir wollen nun zeigen, daß die Folge $\{\phi_n^n\}$ auch in $W_\infty^{\ell_2}(M_2,\Omega_2)$ konvergiert. Wegen $||\phi_n||_{W_\infty^{\ell_1}} \leq 1$ haben wir

(5) $$\sup_{\substack{x\in \Omega_2\\ |s|\leq \ell_1}} |D^s(\phi_n^n(x)-\phi_{n'}^{n'})M_1(x)| \leq \sup_{\substack{x\in \Omega_1\\ |s|\leq \ell_1}} |D^s(\phi_n^n(x)-\phi_{n'}^{n'}(x))M_1(x)| \leq 2 .$$

Wir wählen k_o so groß, daß auf $\Omega_2 \setminus S_{k_o}$ gilt

(6) $$M_2(x) \leq \frac{\varepsilon}{2\cdot 2} M_1(x) .$$

Wir haben dann wegen (5) und (6)

(7) $$\sup_{\substack{x\in \Omega_2\setminus S_{k_0}\\ |s|\leq \ell_2}} |D^s(\phi_n^n-\phi_{n'}^{n'})M_2(x)| \leq \sup_{\substack{x\in \Omega_2\setminus S_{k_0}\\ |s|\leq \ell_2}} |D^s(\phi_n^n-\phi_{n'}^{n'}) \tfrac{\varepsilon}{4} M_1(x)| \leq$$

$$\leq \frac{\varepsilon}{4} \sup_{\substack{x\in\Omega_2\\ |s|\leq \ell_1}} |D^s(\phi_n^n - \phi_{n'}^{n'})M_1(x)| \leq \frac{2\varepsilon}{4} = \frac{\varepsilon}{2} \ .$$

Wählen wir noch N so groß, daß für n,n' > N gilt

$$\sup_{\substack{x\in S_{k_0}\\ |s|\leq \ell_2}} |D^s(\phi_n^n - \phi_{n'}^{n'})| \leq \frac{\varepsilon}{2\cdot \max\limits_{x\in S_{k_0}} M_2(x)}$$

(dies ist wegen der oben aufgezeigten Konvergenz von ϕ_n^n in $W_\infty^{\ell_2}(S_{k_0})$ immer möglich), so können wir der letzten Ungleichung die Form geben:

$$\sup_{\substack{x\in S_{k_0}\\ |s|\leq \ell_2}} |D^s(\phi_n^n - \phi_{n'}^{n'})M_2(x)| \leq \sup_{x\in S_{k_0}} M_2(x) \cdot \sup_{\substack{x\in S_{k_0}\\ |s|\leq \ell_2}} |D^s(\phi_n^n - \phi_{n'}^{n'})| \leq \frac{\varepsilon}{2}$$

und, falls wir sie mit (7) zusammenfassen, erhalten wir

$$\sup_{\substack{x\in \Omega_2 = \Omega_2\setminus S_{k_0} \cup S_{k_0}\\ |s|\leq \ell_2}} |D^s(\phi_n^n - \phi_{n'}^{n'})M_2(x)| \leq \frac{\varepsilon}{2} \quad \text{für} \quad n,n' > N \ .$$

Wegen der Vollständigkeit von $W_\infty^{\ell_2}(M_2,\Omega_2)$ konvergiert damit die Folge ϕ_n^n in $W_\infty^{\ell_2}(M_2, \ _2)$. //

Wir wollen nun Sätze über kompakte Einbettungen der Räume $W_p^\ell(\Omega)$ und $\overset{o}{W}{}_p^\ell(\Omega)$, Ω relativ kompakt, beweisen.

<u>Satz 3.</u> Sei Ω relativ kompakt (offen) und $\ell_1 > \ell_2$. Dann ist die Einbettung

$$(8) \qquad \overset{o}{W}{}_p^{\ell_1}(\Omega) \to \overset{o}{W}{}_p^{\ell_2}(\Omega) \ , \qquad 1 \leq p < \infty$$

kompakt.

Beweis. Wir müssen zeigen, daß die Einheitskugel von $\overset{o}{W}{}_p^{\ell_1}(\Omega)$ relativ kompakt in $W_p^{\ell_2}(\Omega)$ ist. Dazu benutzen wir das Kolmogoroffsche Kompaktheitskriterium im Raum $L^p(\Omega)$ (siehe E § 17.2. Satz 2). Sei $\phi \in \mathcal{D}_\Omega$, wobei $||\phi||_{\overset{o}{W}{}_p^{\ell_1}} \leq 1$, und $|s| = \ell_1 - 1$. Wir drehen die Koordinatenachsen so, daß $h = \Delta x_1$ ist. Wir haben

$$D^s\phi(x+h) - D^s\phi(x) = \int_0^{\Delta x_1} \frac{\partial}{\partial\tau} D^s\phi(x_1+\tau, x_2, \dots, x_r)d\tau ,$$

also

$$R = \int_\Omega |D^s\phi(x+h) - D^s\phi(x)|^p dx = \int_\Omega |\int_0^{\Delta x_1} \frac{\partial}{\partial\tau} D^s\phi(x_1+\tau,\dots)d\tau|^p dx \ .$$

Für p > 1 läßt sich das innere Integral mit Hilfe der Hölderschen Ungleichung abschätzen

$$(9) \qquad \begin{aligned} R &\leq \int_\Omega |\Delta x_1|^{p/p'} \int_0^{\Delta x_1} |\frac{\partial}{\partial\tau} D^s\phi(x_1+ \ ,\dots)|^p d\tau \, |dx = \\ &= |\Delta x_1|^{p/p'} \int_0^{\Delta x_1} [\int_\Omega | \frac{\partial}{\partial\tau} D^s\phi(x_1+\tau,\dots)|^p dx] d\tau \ . \end{aligned}$$

Für das Integral $\int_\Omega |\frac{\partial}{\partial\tau} D^s\phi(x_1+\tau,\ldots)|^p dx$ erhalten wir nach Variablentransformation und, weil der Träger von ϕ in Ω enthalten ist,

$$\int_\Omega |\frac{\partial}{\partial\tau} D^s\phi(x_1+\tau,\ldots)|^p dx = \int_{\Omega-\tau} |\frac{\partial}{\partial x_1} D^s\phi(x_1,\ldots)|^p dx =$$

(10)

$$= \int_{\Omega\cap(\Omega-\tau)} |\frac{\partial}{\partial x_1} D^s\phi(x_1,\ldots)|^p dx \leq \int_\Omega |D^{s+1}\phi|^p dx \leq ||\phi||^p_{W_p^{\ell_1}} .$$

Aus (9) und (10) folgt

$$\int|D^s\phi(x+h)-D^s\phi(x)|^p dx \leq {}^{'}|\Delta x_1|^{p/p'} \int_0^{\Delta x_1} ||\phi||^p_{W_p^{\ell_1}(\Omega)} \, d\tau \leq$$

$$\leq |h|^p ||\phi||^p_{W_p^{\ell_1}(\Omega)} \leq |h|^p \cdot 1 .$$

Für p = 1 ergibt sich diese Abschätzung unmittelbar durch Änderung der Reihenfolge der Integrationen. Weil nach Definition $\mathcal{D}_\Omega$ dicht $\overset{\circ}{W}{}_p^{\ell_1}(\Omega)$ liegt, erhalten wir nach Ausführung des Grenzüberganges in (11), daß die Abschätzung

(12) $\int |D^s\phi(x+h) - D^s\phi(x)|^p dx \leq |h|^p ,\qquad |s| = \ell_1 - 1$

für alle $\phi \in W_p^{\ell_1}(\Omega)$ mit $||\phi||_{W_p^{\ell_1}} \leq 1$ gilt. Wegen $\ell_1 > \ell_2$ ist (8) stetig, siehe § 3.1. Satz 1, d.h. die Einheitskugel $\{\phi|\ ||\phi||_{W_p^{\ell_1}} \leq 1\}$ ist beschränkt in $W_p^{\ell_2}(\Omega)$, was in Verbindung mit (12) ergibt, daß die Bedingungen für den Satz von Kolmogoroff (siehe E § 17.2. Satz 2) erfüllt sind, d.h. die Menge $\{D^s\phi|\ |s| = \ell_1 - 1, ||\phi||_{W_p^{\ell_1}} \leq 1\}$ ist relativ kompakt in $L^p(\Omega)$.

Wiederholen wir die Schlußweise, indem wir nicht von $D^s\phi\,|s| = \ell_1$, sondern von $D^s\phi$ $|s| = \ell_1 - 1$ ausgehen, so erhalten wir, daß die Menge

$$\{D^s\phi|\ |s| = \ell_1 - 1 \text{ oder } \ell_1 - 2, ||\phi||_{W_p^{\ell_1}} \leq 1\}$$

relativ kompakt in $L^p(\Omega)$ ist. Fahren wir so fort, so erhalten wir nach ℓ_1 Schritten, daß die Menge

$$\{D^s\phi|\ |s| \leq \ell_1 - 1, ||\phi||_{W_p^{\ell_1}} \leq 1\}$$

relativ kompakt in $L^p(\Omega)$ ist, oder was gleichbedeutend ist, daß die Einheitskugel

$$\{\phi|\ ||\phi||_{W_p^{\ell_1}} \leq 1\}$$

relativ kompakt in $W_p^{\ell_2}(\Omega)$ ist. //

Wir nehmen nun ein relativ kompaktes Gebiet Ω und setzen voraus, daß Ω <u>ℓ-regulär</u> ist, das bedeutet:

1. $\partial\Omega = \partial\overline{\Omega}$

2. Der Rand $\partial\Omega$ von Ω läßt sich durch endlich viele offene Mengen I_k überdecken mit der Eigenschaft $J_k = \overline{I}_k \cap \overline{\Omega}$ ist ℓ-diffeomorph zur abgeschlossenen Halbkugel $K_+(0,1) = \{x | x_1 \geq 0, |x| \leq 1\}$ des R^r und $\overline{I}_k \cap \partial\Omega$ wird bei diesem Diffeomorphismus abgebildet <u>auf</u> $K_+(0,1) \cap (x_1=0)$. Hierbei verstehen wir unter einem ℓ-Diffeomorphismus einen Homöomorphismus der ℓ-mal stetig differenzierbar ist.

Nach diesen Vorbereitungen können wir das Rellich-Kondraschevsche Auswahlprinzip beweisen.

<u>Satz 4.</u> Sei das relativ kompakte Gebiet Ω ℓ_1-regulär und $\ell_1 > \ell_2$. Dann ist die Einbettung

$$W_p^{\ell_1}(\Omega) \to W_p^{\ell_2}(\Omega), \qquad 1 \leq p < \infty$$

kompakt.

Beweis. Seien I_k endlich viele offene Mengen, die den Rand $\partial\Omega$ überdecken und die die Eigenschaft 2. (s.o.) aufweisen. Es sei $I = \bigcup_k I_k$ und die Menge $\Omega \setminus I$ sei nicht leer (anderenfalls vereinfacht sich der Beweis); die in Ω abgeschlossene Menge $\Omega \setminus I$ ist in Ω enthalten. Sei I_o eine offene Untermenge von Ω die $\Omega \setminus I$ enthält. Dann bilden die Mengen $\{I_o, I_k\}$ eine offene Überdeckung von $\overline{\Omega}$. Sei $\sum_{h=1}^{\nu} p_h(x) = 1$, $0 \leq p_h \in C^\infty$ eine Partition der Eins, mit supp p_h enthalten in einer Menge der Überdeckung (I_o, I_k). Sei $\phi \in W_p^{\ell_1}(\Omega)$, wir haben $\phi = \sum_{h=1}^{\nu} p_h \phi$ und eine Anwendung der Leibnizschen Produktregel ergibt

$$||p_h\phi||_{W_p^{\ell_1}} \leq c_1 ||\phi||_{W_p^{\ell_1}}. \tag{12}$$

Sei supp $p_h \subset I_{i(h)}$. Letztere Normungleichung besagt nun, daß falls $\mathfrak{M}$ beschränkt in W_p (Ω) ist, $\mathfrak{M}_h = \{p_h\phi | \phi \in \mathfrak{M}\}$ beschränkt in $W_p^{\ell_1}$ $(I_{i(h)} \cap \Omega)$ ist. Wir haben:

<u>Hilfssatz 1.</u> Falls Satz 4 richtig ist für jeden Bereich $I_{i(h)} \cap \Omega$ und für beschränkte Mengen der Form $\mathfrak{M}_h$, dann ist er auch richtig für Ω.

Sei $\{\phi_n\}$ beschränkt in $W_p^{\ell_1}(\Omega)$, dann ist nach obigem $\{p_h\phi_n\} = \mathfrak{M}_h$ beschränkt in $W_p^{\ell_1}(I_{i(h)} \cap \Omega)$, also relativ kompakt in $W_p^{\ell_2}(I_{i(h)} \cap \Omega)$. Da die Überdeckung endlich ist, können wir eine Unterfolge $\{\phi_{m_n}\}$ finden, für welche $p_h \phi_{m_n}$ in jedem $W_p^{\ell_2}$ $(I_{i(h)} \cap \Omega)$ konvergiert. Wegen $\Omega = \bigcup_{o,k} I_k \cap \Omega$ konvergiert $\phi_{m_n} = \sum_{h=1}^{\nu} p_h \phi_{m_n}$ auch in $W_p^{\ell_2}(\Omega)$. //

<u>Hilfssatz 2.</u> Sei Ω ℓ-diffeomorph zu G. Dann sind die Räume $W_p^\ell(\Omega) \rightleftarrows W_p^\ell(G)$ isomorph, und kompakte Einbettungen $W_p^{\ell_1}(\Omega) \to W_p^{\ell_2}(\Omega)$ sind äquivalent zu kompakten Einbettungen $W_p^{\ell_1}(G) \to W_p^{\ell_2}(G)$ für $\ell \geq \ell_1 > \ell_2$. Sei $x \to y(x)$ der ℓ-Diffeomorphismus $\Omega \to G$, dann ist $A: \phi(y) \to \phi(y(x)) = \psi(x)$ eine lineare, eineindeutige Abbildung von $W_p^\ell(G) \to W_p^\ell(\Omega)$ und die Stetigkeit von A folgt aus der Regel über die Differentiation von zusammengesetzten Funktionen, z.B.

$$\frac{\partial\psi(x)}{\partial x_j} = \sum_i \frac{\partial\phi}{\partial y_i}\frac{\partial y_i}{\partial x_j}\,,$$

$$\int_\Omega \left|\frac{\partial\psi(x)}{\partial x_j}\right|^p dy = \int_G \left|\sum_i \frac{\partial\phi}{\partial y_i}\frac{\partial y_i}{\partial x_j}\right|^p \frac{\partial y}{\partial x}\, dx \le$$

$$\max\left(\left(\frac{\partial y_i}{\partial x_j}\right)^p \frac{\partial y}{\partial x}\right) r \cdot \int_G \sum_i \left|\frac{\partial\phi}{\partial y_i}\right|^p dx\,, \qquad \frac{\partial y}{\partial x} = \text{Jakobische Determinante}\,.$$

Ebenso schätzt man die anderen in der Norm vorhandenen Ableitungen ab.

Bemerkt man, daß $A^{-1} : \psi(x) \to \psi(x(y)) = \phi(y)$ aus denselben Gründen wie A linear und stetig auf ist, so hat man den ersten Teil von Hilfssatz 2 bewiesen. Der zweite Teil ergibt sich aus der Kommutativität des Schemas

$$\begin{array}{ccc} W_p^{\ell_1}(\Omega) & \xrightarrow{A^{-1}} & W_p\,(G) \\ \downarrow & & \downarrow \\ W_p^{\ell_2}(\;) & \xleftarrow{A} & W_p^{\ell_2}(G) \end{array}$$

und der Bemerkung, daß die Zusammensetzung von stetigen und kompakten Abbildungen wieder eine kompakte Abbildung ergibt. //

Nun können wir den Beweis von Satz 4 beenden. Wir zeigen, daß $\mathfrak{U}_h$ relativ kompakt in $W_p^{\ell_1}(I_{i(h)} \cap \Omega)$ für $i(h) = 0$ ist. Da $I_o \subset \Omega$, haben wir $I_{i(h)} \cap \Omega = I_o$ und $\mathfrak{U}_h$ liegt deshalb schon in $\mathring{W}_p^{\ell_1}(I_o)$, ist also nach § 4.1. Satz 3 relativ kompakt in $\mathring{W}_p^{\ell_2}(I_o)$, also wegen der Stetigkeit der Einbettung $\mathring{W}_p^{\ell_2}(I_o) \to W_p^{\ell_2}(I_o)$ auch relativ kompakt in $W_p^{\ell_2}(I_o) = W_p^{\ell_2}(I_{i(h)} \cap \Omega)$. Es sei nun $i(h) \neq 0$. Dann ist nach Voraussetzung 2 (Seite 23) $I_{i(h)} \cap \Omega$ diffeomorph zu $K_+(0,1)$. Wir betrachten die Funktionen $u(y) = p_h(x(y))\phi(x(y))$, $\phi \cdot p_h \in \mathfrak{U}_h \subset W_p^{\ell_1}(I_{i(h)} \cap \Omega)$ auf $K_+(0,1)$. Wir setzen $u(y), y \in K_+(0,1)$ auf die gesamte Einheitskugel $K(0,1)$ fort:

$$u^*(y) = \begin{cases} u(y_1, y_2, \dots, y_r) & \text{für } y_1 \ge 0, \\ \sum_{i=1}^{\ell_1} \lambda_i \cdot u(-\frac{i}{\ell_1} y_1, y_2, \dots, y_r) & \text{für } y_1 < 0\,, \end{cases}$$

wobei wir die λ_i so bestimmen, daß

$$\ell_1^\alpha = \sum_{i=1}^{\ell_1} (-i)^\alpha \lambda_i\,, \qquad \alpha = 0, 1, \dots, \ell_1 - 1$$

ist. (Die Determinante dieses Gleichungssystems $\neq 0$.)

Wegen $\phi \cdot p_h \in \mathfrak{U}_h$ haben wir $u^* \in \mathring{W}_p^{\ell_1}(K)$ und die Menge $\mathfrak{U}^* = \{u^* \mid \phi p_h \in \mathfrak{U}_h\}$ ist wegen

$$\|u^*\|^p_{W_p^{\ell_1}(K)} \le c_3 \|u\|_{W_p^{\ell_1}(K_+)} \le c_3 c_2 \|p_h \phi\|_{W_p^{\ell_1}(I_{i(h)} \cap \Omega)} \le$$

$$\le c_3 c_1 c_2 \|\phi\|_{W_p^{\ell_1}(\Omega)}\,.$$

beschränkt. (Dabei haben wir für die letzte Ungleichung (12) und Hilfssatz 2 benutzt.) Nach § 4.1. Satz 3 ist $\mathfrak{U}^*$ relativ kompakt in $\mathring{W}_p^{\ell_2}(K)$, also

$\{u|\phi\rho_\lambda \in \mathfrak{U}_h\}$ relativ kompakt in $W_p^{\ell_2}(K_+)$; nach Hilfssatz 2 ist damit $\mathfrak{U}_h$ relativ kompakt in $W_p^{\ell_2}(I_{i(h)} \cap \Omega)$. Der Hilfssatz 1 beendet den Beweis. //

<u>Satz 5.</u> Es seien Ω_2 relativ kompakt, $\Omega_1 \supset \Omega_2$, $d(\Omega_2, \complement\Omega_1) > 0$ und $\ell_1 > \ell_2$. Dann ist die Einbettung

$$W_p^{\ell_1}(\Omega_1) \to W_p^{\ell_2}(\Omega_2) \tag{13}$$

kompakt.

Beweis. Sei $d = d(\Omega_2, \complement\Omega_1)$. Wir überdecken $\overline{\Omega}_2$ mit Würfeln $Q_{d/2}$ der Seitenlänge $\frac{d}{2}$. Da $\overline{\Omega}_2$ kompakt ist, genügen endlich viele.

Sei $Q = \bigcup Q_{d/2}$. Wir haben

$$\Omega_1 \supset Q \supset \Omega_2$$

und Q ist ℓ-regulär für jedes ℓ. Die Abbildung (13) läßt sich faktorisieren

$$\begin{array}{ccc} W_p^{\ell_1}(\Omega_1) & \longrightarrow & W_p^{\ell_2}(\Omega_2) \\ \searrow & & \nearrow \\ W_p^{\ell_1}(Q) & \longrightarrow & W_p^{\ell_2}(Q) \end{array} \tag{14}$$

wobei nach § 3.1. Satz 1 alle Abbildungen des Diagramms stetig sind. Der Beweis ergibt sich nun aus (14) und § 4.1. Satz 4, angewendet auf Q. //

<u>Satz 6.</u> Es sei $\ell_1 > \ell_2$ und $\Omega_1 \supset \Omega_2$. Von Ω_2 setzen wir voraus, daß es sich durch relativ kompakte S_n, $n = 1,2,\ldots$ derart ausschöpfen läßt, daß

$$S_n \subset S_{n+1} \subset \Omega_2, \quad \bigcup_n S_n = \Omega_2, \quad d(S_n, \complement S_{n+1}) > 0 \tag{15}$$

ist, und daß es zu jedem $\varepsilon > 0$ ein n_ε gibt mit

$$M_2(x) \leq \varepsilon M_1(x) \tag{K}$$

für alle $x \in \Omega_2 \setminus S_{n_\varepsilon}$. Dann ist die Einbettung

$$W_p^{\ell_1}(M_1, \Omega_1) \to W_p^{\ell_2}(M_2, \Omega_2) \tag{16}$$

kompakt.

Der Beweis wird unter Benutzung von § 4.1. Satz 5 wörtlich wie für § 4.1. Satz 2 geführt; man hat nur anstelle der sup-Norm L_p-Normen zu verwenden.

<u>Bemerkung.</u> Die Bedingung $d(S_n, \complement S_{n+1}) > 0$ in (15) kann man auch durch

$$S_n \text{ ist } \ell\text{-regulär}$$

ersetzen, - siehe § 4.1. Satz 3. Will mann statt (16) die Kompaktheit der Einbettung

$$\overset{\circ}{W}{}_p^{\ell_1}(M_1, \Omega_1) \to \overset{\circ}{W}{}_p^{\ell_2}(M_2, \Omega_2)$$

beweisen, so braucht man an S_n überhaupt keine Regularitätsforderung zu stellen: S_n relativ kompakt genügt, wegen § 4.1. Satz 1'.

2. A-Räume. Satz 1. Sei $1 \leq p \leq \infty$, $G_1 \supset G_2$, $d(G_2, \complement G_1) > 0$ und G_2 relativ kompakt. Dann ist die Einbettung

$$(1) \qquad A_p(G_1) \to A_p(G_2) \qquad (M_1 \equiv M_2 \equiv 1)$$

kompakt.

Beweis. Sei $p = \infty$ und $d = d(G_2, \complement G_1) > 0$. Für $z', z'' \in \overline{G}_2$ mit $|z'-z''| \leq \frac{d}{4}$ existiert ein $z \in G_1$ mit

$$G_1 \supset D(z, \tfrac{d}{2}) \supset D(z, \tfrac{d}{4}) \supset \{z', z''\}$$

(man beachte den Abstand zwischen G_2 und G_1!), so daß für $\phi \in A_\infty(G_1)$ nach der Cauchyschen Integralformel gilt ($\partial_o D$ der distinguierte Rand von D) *)

$$|\phi(z')-\phi(z'')| = \left|\frac{1}{(2\pi)^r} \int_{\partial_o D(z,\frac{d}{2})} \left[\frac{\phi(\zeta)}{(\zeta_1-z_1')\dots(\zeta_r-z_r')} - \frac{\phi(\zeta)}{(\zeta_1-z_1'')\dots(\zeta_r-z_r'')}\right] d\zeta\right| \leq$$

$$\leq A|z'-z''| ,$$

womit die Gleichstetigkeit von $\phi \in A_\infty(G_1)$ auf $\overline{G}_2$ bewiesen ist. Die Gleichbeschränktheit ergibt sich aus der Stetigkeit von (1). Die Sätze von Arzelà-Ascoli und Weierstraß beenden den Beweis für $p = \infty$.

Sei nun $1 \leq p < \infty$. Sei $G_{d/3}$ die Menge aller Punkte aus G_1, die von G_2 den Abstand $\leq \frac{d}{3}$ haben; entsprechend sei $G_{2d/3}$ definiert. Wir haben

$$G_1 \supset G_{2d/3} \supset G_{d/3} \supset G_2 ,$$

$G_{2d/3}$ ist kompakt und

$$d(G_2, \complement G_{d/3}) = d(G_{d/3}, \complement G_{2d/3}) = d(G_{2d/3}, \complement G_1) = \frac{d}{3} > 0.$$

Wir faktorisieren (1) zu

$$A_p(G_1) \to A_\infty(G_{2d/3}) \to A_\infty(G_{d/3}) \to A_p(G_2),$$

wobei nach dem eben Beweisenen die mittlere Abbildung kompakt ist (die anderen sind stetig, siehe § 3.2. Satz 1). Da die Zusammensetzung von stetigen und kompakten Abbildungen wieder kompakte Abbildungen ergibt, ist damit auch (1) kompakt. //

Satz 2. Es sei $1 \leq p \leq \infty$, $G_1 \supset G_2$. Von G_2 setzen wir voraus, daß es sich durch relativ kompakte S_n, $n = 1,2,\dots$ derart ausschöpfen läßt, daß $S_n \subset S_{n+1} \subset G_2$, $\bigcup_n S_n = G_2$, $d(S_n, \complement S_{n+1}) > 0$ ist, und daß es zu jedem $\varepsilon > 0$ ein n_ε gibt, so daß für alle $z \in G_2 \setminus S_{n_\varepsilon}$

$$M_2(z) \leq \varepsilon M_1(z)$$

gilt.

Dann ist die Einbettung

---

*) Im Falle eines Polykreises ist der distinguierte Rand das kartesische Produkt der Kreisränder.

$$A_p(M_1,G_1) \to A_p(M_2,G_2)$$

kompakt.

Beweis. Wir führen den Beweis für $1 \leq p < \infty$; man erhält den Beweis für $p = \infty$, indem man einfach statt der L_p-Norm die sup-Normen hinschreibt (vgl. mit dem Beweis von § 4.1. Satz 2).

Wir müssen zeigen, daß zu jeder Folge $\phi_n \in A_p(M_1,G_1)$ mit $||\phi_n||_1 \leq 1$ eine Unterfolge existiert, die in $A_p(M_2,G_2)$ konvergiert.

Wir haben für ϕ_n

$$\min_{z\in S_2} M_1(z)\cdot\left[\int_{S_2} |\phi(z)|^p dz\right]^{1/p} \leq \left[\int_{G_1} |\phi(z)M_1(z)|^p dz\right]^{1/p} \leq 1$$

oder

$$\left[\int_{S_2} |\phi(z)|^p dz\right]^{1/p} \leq \frac{1}{\min_{z\in S_2} M_1(z)} = C_1 , \qquad n = 1,2,\ldots ,$$

wobei wegen der Stetigkeit von $M_1(z) > 0$ auf $\overline{S}_2 \subset G_1$ auch $\min_{z\in S_2} M_1(z) > 0$ ist.

Da nach Voraussetzung

$$S_1 \subset S_2 \quad \text{und} \quad d(S_1, \complement S_2) > 0$$

gilt, können wir Satz 1 anwenden und erhalten so eine Unterfolge ϕ_n^1, die in $A_p(S_1)$ konvergiert. Wir wiederholen obigen Gedankengang, nur nehmen wir statt $\{\phi_n\}$ die Unterfolge $\{\phi_n^1\}$ und statt S_2 den Bereich S_3 und finden dann eine Unterfolge $\{\phi_n^2\}$ von $\{\phi_n^1\}$, die in

$$A_p(S_1) \quad \text{und} \quad A_p(S_2)$$

konvergiert. Indem wir auf diese Weise forfahren und den Diagonalprozeß anwenden, gewinnen wir eine Unterfolge $\{\phi_n^n\}$, die in jedem $A_p(S_k)$ konvergiert. Wir wollen nun zeigen, daß die Folge $\{\phi_n^n\}$ auch in $A_p(M_2,G_2)$ konvergiert. Wegen $||\phi_n||_1 \leq 1$ haben wir

$$(2) \qquad \left[\int_{G_2} |(\phi_n^n(z)-\phi_{n'}^{n'}(z))M_1(z)|^p dz\right]^{1/p} \leq \left[\int_{G_1} |(\phi_n^n-\phi_{n'}^{n'}|^p M_1^p(z)dz\right]^{1/p} \leq 2 .$$

Wir wählen k_o so groß, daß auf $G_2 \setminus S_{k_o}$

$$(3) \qquad M_2(z) \leq \frac{\varepsilon}{2^{1/p}\cdot 2} M_1(z)$$

ist, und haben dann wegen (2) und (3)

$$(4) \qquad \begin{aligned} &\left[\int_{G_2\setminus S_{k_o}} |\phi_{n'}^{n'}-\phi_n^n|^p M_2^p(z)dz\right]^{1/p} \leq \left[\int_{G_2\setminus S_{k_o}} |\phi_n^n-\phi_{n'}^{n'}|^p \frac{\varepsilon^p}{2\cdot 2^p} M_1^p(z)dz\right]^{1/p} \leq \\ &\leq \frac{\varepsilon}{2^{1/p}\cdot 2}\left[\int_{G_2} |\phi_n^n-\phi_{n'}^{n'}|^p M_1^p dz\right]^{1/2} \leq \frac{2\varepsilon}{2^{1/2}\cdot 2} = \frac{\varepsilon}{2^{1/p}} . \end{aligned}$$

Wählen wir noch N so groß, daß für n,n' > N

$$\left[\int_{S_{k_o}} |\phi_n^n-\phi_{n'}^{n'}|^p dz\right]^{1/p} \le \frac{\varepsilon}{2^{1/p}\max\limits_{z\in S_{k_o}} M_2(z)}$$

gilt (dies ist wegen der oben aufgezeigten Konvergenz von $\{\phi_n^n\}$ in $A_p(S_{k_o})$ immer möglich), so können wir der letzten Ungleichung die Form

$$\left[\int_{S_{k_o}} |\phi_n^n-\phi_{n'}^{n'}|^p M_2^p(z)dz\right]^{1/p} \le \max_{z\in S_{k_o}} M_2(z)\left[\int_{S_{k_o}} |\phi_n^n-\phi_{n'}^{n'}|^p dz\right]^{1/p} \le \frac{\varepsilon}{2^{1/p}}$$

geben, und falls wir sie zu (4) addieren, erhalten wir

$$\int_{G_2} |\phi_n^n-\phi_{n'}^{n'}|^p M_2^p(z)dz = \int_{G_2\setminus S_{k_o}} + \int_{S_{k_o}} \le \frac{\varepsilon^p}{2} + \frac{\varepsilon^p}{2} = \varepsilon^p .$$

Wegen der Vollständigkeit von $A_p(M_2,G_2)$ konvergiert damit die Folge $\{\phi_n^n\}$ in $A_p(M_2,G_2)$. //

3. S-Räume. Für eine abzählbare Indexmenge (k,q) (z.B. k und q die in der Definition der $S_p(m)$-Räume vorkommenden Multiindizes) sei F ein (F)-Raum (siehe E § 4.4.), dessen Topologie durch die abzählbar vielen Halbnormen $|\ |_{k,q}$ erzeugt wird: Wir definieren den Raum $\ell^p(m,F)$ als

$$\ell^p(m,F) = \{f|f\in F,\ \ ||f||^p = \sum_{k,q} m_{k,q}^p |f|_{k,q}^p < \infty\}$$

für $1 \le p < \infty$ und

$$\ell^\infty(m,F) = \{f|f\in F,\ \ ||f|| = \sup_{k,q} (|f|_{k,q}\cdot m_{k,q}) < \infty\}$$

für $p = \infty$, wobei $m_{k,q} > 0$ eine gegebene positive Zahlenfolge ist. Ebenso wie bei gewöhnlichen ℓ^p-Räumen, siehe E § 4.5., überzeugt man sich, daß aus der Vollständigkeit des Raumes F die Vollständigkeit von $\ell^p(m,F)$ folgt.

Sei $F_{k,q}^o$ der durch die Halbnorm $|\ |_{k,q}$ erzeugte Banachraum, d.h. $F_{k,q}^o = \widetilde{(F/N_{k,q})}$, wobei $N_{k,q} = \{f|f\in F,|f|_{k,q} = 0\}$ und $\sim$ die vollständige Hüllenbildung bedeutet. Wie man leicht sieht, existiert eine kanonische Abbildung

$$P_{k,q} : \ell^p(m,F) \to F_{k,q}^o ,$$
$$f \mapsto f$$

die wegen

$$|f|_{k,q} \le \frac{1}{m_{k,q}} ||f||_{\ell^p(m)}$$

stetig ist.

Mit Hilfe der kanonischen Abbildungen $P_{k,q}$ kann man ein Kompaktheitskriterium für die Räume $\ell^p(m,F)$ angeben.

<u>Satz 1.</u> Die folgenden Bedingungen sind notwendig und hinreichend für die relative Kompaktheit einer Menge K in $\ell^p(m,F)$, $1 \leq p < \infty$.

1. Die Menge $P_{k,q}(K)$ ist relativ kompakt in $F^o_{k,q}$, $k,q \in (k,q)$.
2. Die Reihe $\sum_{k,q} |P_{k,q}(f)|^p_{k,q}$, $f \in K$ konvergiert gleichmäßig auf K.

Beweis. Notwendigkeit. Die Abbildungen $P_{k,q}$ sind stetig, also ist $P_{k,q}(K)$ wieder relativ kompakt in $F^o_{k,q}$, womit 1. erfüllt ist. Nun zu 2.: Man wähle zu gegebenem $\varepsilon > 0$ ein ε-Netz $(f_1,\dots,f_m)$ (siehe E § 16.2.); dann konvergiert die Reihe $||f_i||^p$ für $i = 1,\dots,m$ gleichmäßig, d.h. wir haben

$$R_g(f_i) := \sum_{k,q\text{-groß}} |P_{k,q}(f_i)|^p_{k,q}\, m^p_{k,q} < \varepsilon^p, \quad i=1,\dots,m ,$$

wobei "k,q-groß" nicht von i abhängt.

Für $f \in K$ mit $||f-f_i||<\varepsilon$ ist nach der Dreiecksungleichung und der Netzeigenschaft

$$R_g(f)^{1/p} \leq R_g(f-f_i)^{1/p} + R_g(f_i)^{1/p} \leq ||f-f_i|| + \varepsilon \leq 2\varepsilon ,$$

also $R_g(f) \leq (2\varepsilon)^p$ für alle $f \in K$, womit die gleichmäßige Konvergenz der Reihe in 2. bewiesen ist.

Hinlänglichkeit. Erfüllt nun K die Bedingungen des Satzes, so ist nach E § 16. aus einer gegebenen Folge $\{f_n\} \subset K$ eine Cauchyteilfolge auszusuchen.

Weil nach 1. die Menge $P_{k,q}(\{f_n\})$ relativ kompakt in $F^o_{k,q}$ und (k,q) abzählbar ist, kann man mit Hilfe des Diagonalprozesses eine Teilfolge $\{f_{m_n}\}$ finden, so daß $\{P_{k,q}(f_{m_n})\}$ Cauchyfolge in jedem $F^o_{k,q}$ ist. Für $\varepsilon > 0$ wähle man nach Bedingung 2. ein L, so daß

$$R_L(f) = \sum_{|k|,|q|\geq L} |P_{k,q}(f)|^p_{k,q} m^p_{k,q} \leq \varepsilon^p \quad \text{für alle} \quad f \in K,$$

speziell also für $f = f_{m_n}$ wird. Dann ist (Dreiecksungleichung)

$$||f_{m_{n'}} - f_{m_n}|| \leq \Big(\sum_{|k|,|q|<L} |P_{k,q}(f_{m_n} - f_{m_{n'}})|^p m^p_{k,q}\Big)^{1/p} + R_L(f_{m_n})^{1/p} + R_L(f_{m_{n'}})^{1/p} \leq$$

$$\leq \Big(\sum_{|k|,|q|<L} |P_{k,q}(f_{m_n} - f_{m_{n'}})|^p m^p_{k,q}\Big)^{1/p} + 2\varepsilon \leq 3\varepsilon$$

für $n',n > N$, denn jeder Summand der endlichen Summe $\sum_{|k|,|q|<L}$ ist eine Cauchyfolge nach Konstruktion von $\{f_{m_n}\}$. $\{f_{m_n}\}$ ist also eine Cauchyfolge in $\ell^p(m,F)$.//

Der Beweis für $p = \infty$ ergibt sich, indem man statt $\sum$ überall sup schreibt.

<u>Satz 2.</u> Zu jedem $\varepsilon > 0$ existiere ein $N_\varepsilon > 0$ mit

(1) $$m^2_{k,q} \leq \varepsilon m^1_{k,q} \quad \text{für} \quad |k|,|q| > N_\varepsilon \qquad \text{(K)}$$

$$\text{(kurz} \quad \frac{m^2_{k,q}}{m^1_{k,q}} \to 0 \quad \text{für} \quad k,q \to \infty \text{).}$$

Dann ist die Einbettung

$$(*) \qquad S_p(m^1) \to S_p(m^2)$$

kompakt ($1 \leq p \leq \infty$).

Beweis. Wie wir später sehen werden (siehe § 14.4.), läßt sich die Topologie des (F)-Raumes $\mathcal{Y}$ durch die Normen

$$(2) \qquad ||\phi||^p_{k,q} = \sum_{|s| \leq |q|} \int_{R^r} |(1+x^2)^k D^s \phi(x)|^p dx \ , \qquad \phi \in \mathcal{Y},$$

erzeugen. Ein anderes gleichwertiges System sind die Halbnormen

$$(3) \qquad |\phi|^p_{k,q} = \int_{R^r} |(1+x^2)^k D^q \phi(x)|^p dx \ , \qquad \phi \in \mathcal{Y} ;$$

die Gleichwertigkeit ist leicht einzusehen.

Mit Hilfe der obigen Halbnorm (3) kann man jeden $S_p(m)$-Raum als $\ell^p(m,F)$-Raum schreiben:

$$(4) \qquad S_p(m) = \ell^p(m,\mathcal{Y}) ;$$

dabei benutze man, daß in der Definition von $S_p(m)$ die Bedingung $\phi \in C^\infty$ durch $\phi \in \mathcal{Y}$ ersetzt werden kann (siehe § 3.3. Bemerkung zu Satz 3). Den durch die Norm (2) erzeugten Benachraum wollen wir mit $\mathcal{Y}^{k,q}_p$, den durch (3) erzeugten wieder mit $F^o_{k,q}$ bezeichnen.

Für $|q_1| > |q_2|$ und $k_1 \geq k_2 + \overline{1}$, $\overline{1} = (1,\dots,1)$ ist die Einbettung

$$(**) \qquad \mathcal{Y}^{k_1,q_1}_p \to \mathcal{Y}^{k_2,q_2}_p$$

kompakt.

Dies folgt sofort aus den Sätzen 2 und 6 des § 3.1., da wir wegen $k_1 \geq k_2 + \overline{1}$ für $|x| \to \infty$

$$\frac{(1+x^2)^{k_2}}{(1+x^2)^{k_1}} \to 0$$

haben. (Für S_n nehmen wir die Kugeln $K(0,n)$).

Nun können wir zeigen, daß die Einheitskugel K von $S_p(m^1)$ relativ kompakt in $S_p(m^2)$ ist. Aufgrund von (4) ist das Kompaktheitskriterium (Satz 1) anwendbar. Aus (1) folgt

$$m^2_{k,q} \leq C\, m^1_{k,q} \qquad \text{für alle } k,q \ ,$$

d.h. die Einbettung (*) existiert und ist stetig (siehe § 3.3. Satz 1):

Die Abbildung $P_{k,q} : S_p(m^2) \to F^o_{k,q}$ läßt sich faktorisieren zu

$$(5) \qquad S_p(m^2) = \ell^p(m^2,\mathcal{Y}) \to \mathcal{Y}^{k+\overline{1},q+\overline{1}}_p \to \mathcal{Y}^{k,q}_p \to F^o_{k,q} \ .$$

Die Existenz dieser Faktorisation ist einfach einzusehen, da es sich doch um Injektionen handelt; wir wollen die Stetigkeit beweisen.

$S_p(m^2) = \ell^p(m^2,\gamma) + \gamma_p^{k+\overline{1},q+\overline{1}}$ ist stetig infolge

$$\sum_{|s|\le|\underline{q}+\overline{1}|}\int_{R^r}|(1+x^2)^{\underline{k}+\overline{1}}D^s\phi(x)|^p dx \le \frac{1}{\min\limits_{|s|\le|\underline{q}+\overline{1}|} m^p_{\underline{k}+\overline{1},s}}\sum_{k,q}\int_{R^r}|(1+x^2)^k D^q\phi(x)|^p m^p_{k,q}dx.$$

Die mittlere Abbildung in (5) ist nach der Bemerkung über (**) kompakt und $\gamma_p^{k,q} \to F^o_{k,q}$ ist stetig wegen

$$|\phi|_{k,q} \le ||\phi||_{k,q}\ .$$

Die Abbildung $P'_{k,q}$ ist - als Zusammensetzung von stetigen mit einer kompakten Abbildung - kompakt. Wegen der Stetigkeit von (*) ist K auch in $S_p(m^2)$ beschränkt, und damit $P_{k,q}(K)$ kompakt in $F^o_{k,q}$, d.h. die Bedingung 1. von Satz 1 ist erfüllt. Die Bedingung 2. von 1 ergibt sich aus (1) durch die Abschätzung

$$\sum_{|k|,|q|>N_\varepsilon}|P_{k,q}(\phi)|^p_{k,q}(m^2_{k,q})^p = \sum_{|k|,|q|>N_\varepsilon}|\phi|^p_{k,q}(m^2_{k,q})^p \le$$

$$\le \varepsilon^p \sum_{|k|,|q|>N_\varepsilon}|\phi|^p_{k,q}(m^1_{k,q})^p \le \varepsilon^p\sum_{k,q}|\phi|_{k,q}(m^1_{k,q})^p = \varepsilon^p \text{ für } \phi\in K.$$

Die Menge K ist damit relativ kompakt in $S_p(m^2)$, und die Kompaktheit von (*) ist damit bewiesen.

§ 5. Hilbert-Schmidtsche Einbettungen

Wir wollen jetzt Hilbert-Schmidtsche Einbettungen studieren und zum Beweis reproduzierende Kerne, d.h. den Satz aus E § 20, 2. 4. benutzen.

1. W-Räume. Satz. Es seien $\Omega_1 \supset \tilde\Omega \supset \Omega_2$, $\ell_1 > \tilde\ell + \frac{r}{2} \ge \ell_2 + \frac{r}{2}$ und stetige Funktionen $M_1, \tilde M, M_2 > 0$ mit

$$\int_{\Omega_2}\left(\frac{M_2(x)}{\tilde M(x)}\right)^2 dx = A < \infty \qquad (1)\qquad (HS_1)$$

gegeben. Außerdem lasse sich $\tilde\Omega$ in Ω_1 durch Kugel $K(t,d_t)$ derart überdecken, daß

$$d_t^{-r/2}\frac{\tilde M(t)}{M_1(x)} \le C < \infty \quad \text{für } t\in\tilde\Omega,\ x\in K(t,d_t)\subset\Omega_1 \qquad (2)\qquad (HS_2)$$

gilt. Dann ist die Einbettung

$$W_2^{\ell_1}(M_1,\Omega_1) \to W_2^{\ell_2}(M_2,\Omega_2) \qquad (3)$$

Hilbert-Schmidtsch.

Bemerkung. Nach § 3.1. Satz 2 und Satz 3 bedeutet (1), (2) unter anderem, daß ein "Zwischenraum" $W_\infty^{\tilde\ell}(\tilde M,\tilde\Omega)$ derart existiert, daß die Einbettungen

$$W_2^{\ell_1}(M_1,\Omega_1) \to W_\infty^{\tilde\ell}(\tilde M,\tilde\Omega) \to W_2^{\ell_2}(M_2,\Omega_2)$$

stetig sind.

Beweis. Aus (2) folgt wie im Beweis von § 3.1. Satz 3

$$|D^s\phi(t)| \le \frac{B\cdot C}{\tilde{M}(t)} \,||\phi||_{W_2^{\ell_1}(M_1,\Omega_1)} \qquad \text{für} \quad |s| \le \tilde{\ell},$$

wobei B die Konstante aus § 3.1. Lemma (3) ist. Letztere Ungleichung bedeutet aber, daß die Operatoren $D^s, |s| \le \ell_2$ ($\le\tilde{\ell}$) reproduzierende Kerne $K_{D^s}(t)$ in $H = W_2^{\ell_1}(M_1,\Omega_1)$ besitzen, die der Abschätzung (siehe E § 20.2.):

$$(4) \qquad ||K_{D^s}(t)||_{W_2^{\ell_1}(M_1,\Omega_1)} \le \frac{B\cdot C}{\tilde{M}(t)}, \qquad |s| \le \ell_2$$

genügen. Da die Norm auf $W_2^{\ell_2}(M_2,\Omega_2)$ eine Operatorennorm in Sinne von E § 20.2. ist, können wir das Kriterium aus E § 20.2. anwenden. Aus (4) und (1) erhalten wir

$$(5) \qquad \int_{\Omega_2} \sum_{|s|\le\ell_2} ||K_{D^s}(t)||^2_{W_2^{\ell_1}} \cdot M_2^2(t)dt \le \ell_2 r^{\ell_2} B^2\cdot C^2 \cdot \int_{\Omega_2} \cdot\left(\frac{M_2(t)}{\tilde{M}(t)}\right)^2 dt =$$

$$= \ell_2 r^{\ell_2} A\cdot B^2\cdot C^2 < \infty \quad .$$

Damit ist die Einbettung (3) nach dem Satz aus E § 20.2. Hilbert-Schmidtsch.

In (5) haben wir die Meßbarkeit von $||K_{D^s}(t)||^2_{W_2^{\ell_1}}$, $|s| \le \ell_2$ benutzt. Nach der ersten Zeile von E (Seite 97) haben wir

$$||K_{D^s}(t)||^2_{W_2^{\ell_1}} = \sum_i |D^s\phi_i(t)|^2 , \qquad |s| \le \ell_2 ,$$

wobei $\{\phi_i\}$ ein Orthonormalsystem von $W_2^{\ell_1}(M_1,\Omega_1)$ ist. Nach Definition von $W_2^{\ell_1}(M_1,\Omega_1)$ sind aber die Funktionen ϕ_i und ihre Ableitungen $D^s\phi_i$ bis zur Ordnung $|s| \le \ell_1$, also insbesondere auch die Funktionen $|D^s\phi_i|$, $|s| \le \ell_2 < \ell_1$ meßbar (sogar lokal integrierbar), womit die Meßbarkeit von $||K_{D^s}(t)||^2$ gesichert ist.//

<u>2. A-Räume.</u> <u>Satz</u>: Es seien $G_1 \supset \tilde{G} \supset G_2$ und stetige Funktionen M_1, $\tilde{M}$, $M_2 > 0$, mit

$$(1) \qquad \int_{G_2} \left(\frac{M_2(z)}{\tilde{M}(z)}\right)^2 dz = A < \infty \qquad (HS_1)$$

gegeben; $\tilde{G}$ lasse sich in G_1 durch Polykreise $D(z,d_z)$, $d_z > 0$ derart überdecken, daß

$$(2) \qquad d_z^{-r} \frac{\tilde{M}(z)}{M_1(w)} \le B < \infty \quad \text{für} \quad z \in \tilde{G},\; w \in D(z,d_z) \subset G_1 \;. \qquad (HS_2)$$

Dann ist die Einbettung

$$(3) \qquad A_2(M_1,G_1) \to A_2(M_2,G_2)$$

Hilbert-Schmidtsch.

Bemerkung. Wie in § 5.1. zieht (1), (2) u.a. die Stetigkeit der Einbettungen

$$A_2(M_1,G_1) \to A_\infty(\tilde{M},\tilde{G}) \to A_2(M_2,G_2)$$

nach sich.

Beweis. Aus (2) folgt wie im Beweis von § 3.2. Satz 3

$$|\phi(z)| \le \frac{B}{\pi^{r/2}\tilde{M}(z)} \, ||\phi||_{A_2(M_1,G_1)} .$$

Letztere Ungleichung bedeutet aber, daß die identische Abbildung I einen reproduzierenden Kern $K_I(z)$ in $H = A_2(M_1,G_1)$ besitzt, welcher der Abschätzung (siehe E § 20.2.)

(4) $$||K_I(z)||_{A_2(M_1,G_1)} \le \frac{B}{\pi^{r/2}\tilde{M}(z)}$$

genügt. Da die Norm auf $A_2(M_2,G_2)$ eine Operatorennorm im Sinne von E § 20.2. ist, können wir den Satz aus E § 20.2. anwenden und erhalten aus (4) und (1)

$$\int_{G_2} ||K_I(z)||^2_{A_2(M_1,G_1)} \, M_2^2(z)dz \le \frac{B^2}{\pi^r} \int_{G_2} \left(\frac{M(z)}{\tilde{M}(z)}\right)^2 dz = \frac{A \cdot B^2}{\pi^r} < \infty ,$$

womit die Einbettung (3) Hilbert-Schmidtsch ist. Die Meßbarkeit von $||K_I(z)||^2_{A_2(M_1,G_1)}$ zeigt man wie im Beweis des Satzes aus § 5.1. //

3. S-Räume. Satz. Es seien drei Folgen $m^1_{k,q}, \tilde{m}_{k,q}, m^2_{k,q} > 0$, und damit auch die Räume

$$S_2(m^1), \quad S_\infty(\tilde{m}), \quad S_2(m^2) ,$$

gegeben. Unter den Bedingungen

(1) $$\sum_{k,q} \left(\frac{m^2_{k,q}}{\tilde{m}_{k,q}}\right) = A < \infty \qquad (HS_1)$$

und

(2) $$\pi(k) \frac{\tilde{m}_{k,q}}{m^1_{k+\overline{2},q+s}} \le B < \infty, \qquad |s| \le r, \quad \overline{2} = (\underset{1}{2},\dots,\underset{r}{2}) \qquad (HS_2)$$

ist die Einbettung

(3) $$S_2(m^1) \to S_2(m^2)$$

Hilbert-Schmidtsch.

Beweis. Aus der Formel

$$|(1+t^2)^k D^q \phi(t)| \le \pi(k) A_2 \Big[\sum_{|s| \le r} \int_{R^r} |(1+x^2)^{k+\overline{1}} D^{q+s} \phi(x)|^2 dx \Big]^{1/2}$$

(Herleitung siehe Seite 17) folgt

$$|(1+t^2)^k D^q \phi(t)| (1+t^2)^{\overline{1}} \, \tilde{m}_{k,q} \le \pi(k) A_2 \tilde{m}_{k,q} \Big[\sum_{|s| \le r} \int_{R^r} |(1+x^2)^{k+\overline{2}} D^{q+s} \phi(x)|^2 dx \Big]^{1/2},$$

und weiter, unter Verwendung von (2),

$$\leq B\, A_2 \Big[\sum_{|s| \leq r} \int_{R^r} |(1+x^2)^{k+\overline{2}} D^{q+s} \phi(x) m^1_{k+\overline{2},q+s}|^2 dx \Big]^{1/2} \leq$$

$$\leq B\, A_2 \Big[\sum_{k,q} \int_{R^r} |(1+x^2)^k D^q \phi(x) m^1_{k,q}|^2 dx \Big]^{1/2} \leq$$

$$\leq B\, A_2 ||\phi||_{S_2(m\ )}$$

Dies bedeutet, daß die Operatoren

$$(1+t^2)^k D^q$$

reproduzierende Kerne $K_{k,q}(t)$ in $S_2(m^1)$ besitzen, deren Norm der Abschätzung (siehe E § 20.2.)

$$(4) \qquad ||K_{k,q}(t)||_{S_2(m\ )} \leq \frac{B\, A_2}{(1+t^2)^{\overline{1}} \tilde{m}_{k,q}}$$

genügt. (4) ergibt in Verbindung mit der Bedingung (1)

$$\sum_{k,q} \int_{R^r} \Big[||K_{k,q}(t)||_{S_2(m^1)} m^2_{k,q} \Big]^2 dt \leq B^2 A_2^2 \int_{R^r} \frac{dt}{(1+t^2)^{\overline{2}}} \cdot \sum_{k,q} \Big(\frac{m^2_{k,q}}{\tilde{m}_{k,q}}\Big)^2 = AB^2 A_2^3 < \infty .$$

Damit folgt aufgrund von Satz E § 20.2., daß die Einbettung (3) Hilbert-Schmidtsch ist. //

II. Operationen auf den W-, A- und S-Räumen

§ 6. Die Multiplikation mit regulären Funktionen

Wir sollen hier die Multiplikation mit Funktionen f, d.h. die lineare Abbildung

$$f\cdot : \phi \to f\cdot\phi$$

betrachten. Dabei handelt es sich - streng genommen - um die Abbildung, die wir erhalten, indem wir zuerst die Funktion ϕ vom Definitionsbereich Ω_1 auf Ω_2 einschränken und sie dann mit f multiplizieren, also um

$$\phi \to \phi|_{\Omega_2} \cdot f\ .$$

Dasselbe gilt für alle anderen im Abschnitt II betrachteten Operationen.

1. W-Räume. Satz. Es sei $\Omega_1 \supset \Omega_2$, $\ell_1 \geq \ell_2$ und $f \in C^\infty(\Omega_2)$ erfülle die Bedingung

$$(M) \qquad |D^s f(x)| \leq C \frac{M_1(x)}{M_2(x)} \quad \text{für } x \in \Omega_2, \qquad |s| \leq \ell_2 .$$

Dann ist die Multiplikation $f\cdot : \phi \to f\cdot\phi$ eine stetige Abbildung

$$(1) \qquad f\cdot : W_p^{\ell_1}(M_1,\Omega_1) \to W_p^{\ell_2}(M_2,\Omega_2)\ .$$

Beweis. Aufgrund der Leibnizschen Produktregel haben wir

$$(2)\qquad |D^s(f\cdot\phi)(x)|M_2(x) \le \sum_{|i|\le|s|} \binom{s}{i} |D^i\phi(x)|\,|D^{s-i}f|M_2(x) \le$$
$$\le C \sum_{|i|\le|s|} \binom{s}{i} |D^i\phi(x)|M_1(x),$$

woraus sich durch Supremumsbildung

$$||f\phi||_{W^{\ell_2}_\infty} \le C\cdot C_1 ||\phi||_{W^{\ell_1}_\infty},$$

d.h. die Stetigkeit von (1) im Falle $p = \infty$ ergibt. Für $1 \le p < \infty$ nehmen wir $\phi \in C^\infty \cap W^{\ell_1}_p(M_1,\Omega_1)$, wenden auf (2) die Höldersche Ungleichung an und erhalten

$$|D^s(f\cdot\phi)(x)|^p M_2^p(x) \le C_1 C \sum_{|i|\le|s|} \binom{s}{i}^p |D^i\phi(x)|^p M_1^p(x) .$$

Hieraus folgt durch Summation über $|s| \le \ell_2$, Integration über Ω_2 mit offensichtlichen Abschätzungen

$$(3)\qquad ||f\phi||_{W^{\ell_2}_p(M_2,\Omega_2)} \le C'||\phi||_{W^{\ell_1}_p(M_1,\Omega_1)}$$

für $\phi \in C^\infty \cap W^{\ell_1}_p(M_1,\Omega_1)$. Da $C^\infty \cap W^{\ell_1}_p$ in $W^{\ell_1}_p$ dicht liegt (§ 2.2. Satz), kann man (3) stetig auf alle $\phi \in W^{\ell_1}_p$ fortsetzen und erhält so die Stetigkeit von (1). //

Bemerkung. Für die Gültigkeit des Satzes genügt es natürlich, $f \in C^{\ell_2}(\Omega_2)$ vorauszusetzen.

2. A-Räume. Satz. Es sei $G_1 \supset G_2$, und $f \in \mathfrak{A}(G_2)$ (holomorph auf G_2) erfülle die Bedingung

$$(M)\qquad |f(z)| \le C\,\frac{M_1(z)}{M_2(z)} \quad \text{für} \quad z \in G_2.$$

Dann ist die Multiplikation $f\cdot : \phi \to f\phi$ eine stetige Abbildung

$$(1)\qquad f\cdot : A_p(M_1,\Omega_1) \to A_p(M_2,\Omega_2) .$$

Der Beweis folgt aus

$$|f(z)\phi(z)M_2(z)| \le C|\phi(z)M_1(z)|$$

wie für W-Räume.

3. S-Räume. Wir wollen hier die Multiplikation mit Polynomen betrachten. Dabei genügt es, die Multiplikation mit x_i $(i=1,\dots,r)$ zu studieren, da man bekanntlich jedes Polynom aus Konstanten durch wiederholte Multiplikation mit x_i und Additionen aufbauen kann. Um mit anderen Funktionen multiplizieren zu können, muß man das genaue Wachstumsverhalten der Funktionen $\phi \in S_p(m)$ kennen; wir wollen deshalb später auf diese Frage zurückkommen.

Satz. Es sei

$$(M)\qquad \begin{aligned} m^2_{k,q} &\leq c\, m^1_{k+1_i,q}\,, & q_i &= (0,\dots,q_i,\dots,0) \\ q_i m^2_{k,q} &\leq c\, m^1_{k,q-1_i}\,, & 1_i &= (0,\dots,1,\dots,0)\,. \end{aligned}$$

Dann ist die Multiplikation mit x_i

$$(1)\qquad x_i : S_p(m^1) \to S_p(m^2)$$

stetig.

Beweis. Wir haben

$$(2)\qquad \begin{aligned} (1+x^2)^k |D^q(x_i\phi(x)| m^2_{k,q} &\leq (1+x^2)^k x_i D^q\phi + q_i D^{q-1_i}\phi | m^2_{k,q} \leq \\ &\leq c(1+x^2)^{k+1_i} |D^q\phi| m^1_{k+1_i,q} + c(1+x^2)^k |D^{q-1_i}\phi| m^1_{k,q-1_i}\,, \end{aligned}$$

woraus für $p = \infty$

$$\|x_i\phi\|_{S_\infty(m^2)} \leq 2c\|\phi\|_{S_\infty(m^1)}$$

folgt.

Um den Beweis für $1 \leq p < \infty$ zu erhalten, muß man auf (2) die Höldersche Ungleichung anwenden

$$(3)\qquad \begin{aligned} |(1+x^2)^k D^q(x_i\phi(x)) m^2_{k,q}|^p &\leq c' |(1+x^2)^{k+1_i} D^q\phi m^1_{k+1_i,q}|^p + \\ &+ |(1+x^2)^k D^{q-1_i}\phi m^1_{k,q-1_i}|^p \end{aligned}$$

und erhält dann aus (3) durch Integration und Summation

$$\|x_i\|_{S_p(m^2)} \leq \tilde{c}\|\phi\|_{S_p(m^1)}\,,$$

d.h. die Stetigkeit von (1). //

§ 7. Die Differentiation

Wir wollen hier hinreichende Bedingungen für die Stetigkeit der Differentiationsoperatoren $\frac{\partial}{\partial x_i}$ (bzw. $\frac{\partial}{\partial z_j}$) angeben.

1. W-Räume. Satz. Es sei $\Omega_1 \supset \Omega_2$, $\ell_1 > \ell_2$ und

$$(D)\qquad M_2(x) \leq c\, M_1(x)\,.$$

Dann ist die Differentiation

$$(1)\qquad \frac{\partial}{\partial x_i} : W_p^{\ell_1}(M_1,\Omega_1) \to W_p^{\ell_2}(M_2,\Omega_2) \qquad i = 1,\dots,r$$

stetig.

Beweis. Wir haben

$$\sum_{|s|\le \ell_2} |D^s \frac{\partial}{\partial x_i}\phi(x)|^p M_2^p(x) \le c^p \sum_{|s|\le \ell_1} |D^s\phi(x)|^p M_1^p(x) ,$$

woraus sich durch Integration die Stetigkeit von (1) ergibt.

2. A-Räume. Satz. Es sei $G_1 \supset G_2$ und G_2 lasse sich in G_1 durch Polykreise $D(z,d_z)$ derart überdecken, daß die Bedingung

$$\text{(D)} \qquad d_z^{-1} \frac{M_2(z)}{M_1(w)} \le A < \infty, \quad \text{für} \quad z \in G_2,\ w \in \partial_o D(z,d_z) \subset G_1$$

erfüllt ist (hier ist $\partial_o D(z,d_z)$ der distinguierte Rand des Polykreises $D(z,d_z)$). Dann ist die Differentiation

$$\text{(2)} \qquad \frac{\partial}{\partial z_j} : A_\infty(M_1,G_1) \to A_\infty(M_2,G_2), \qquad j = 1,\dots,r$$

stetig.

Beweis. Wir haben nach der Cauchyformel und (D)

$$\left|\frac{\partial\phi(z)}{\partial z_j} M_2(z)\right| = \frac{1}{(2\pi)^r} \left|\int_{\partial_o D} \frac{\phi(\xi)d\xi}{(\xi_j-z_j)^2(\xi_1-z_1)\dots(\xi_r-z_r)} M_2(z)\right| \le$$

$$\le \frac{1}{(2\pi)^r} \frac{|\phi(w_z)|(2\pi d_z)^r}{d_z d_z^r} M_2(z) \le A|\phi(w_z)|M_1(w_z) ,$$

und Supremumbildung ergibt

$$\sup_{z\in G_2} \left|\frac{\partial\phi(z)}{\partial z_j} M_2(z)\right| \le A \cdot \sup_{w_z \in G_1} |\phi(w_z)M_1(w_2)| ,$$

d.h. die Stetigkeit von (2). //

3. S-Räume. Satz. Es sei die Bedingung

$$\text{(D)} \qquad m^2_{k,q} \le c\, m^1_{k,q+1_i} ,$$

erfüllt, dann ist die Differentiation

$$\frac{\partial}{\partial x_i} : S_p(m^1) \to S_p(m^2)$$

stetig.

Der Beweis ergibt sich aus

$$|(1+x^2)^k D^q(\frac{\partial}{\partial x_i}\phi)m^2_{k,q}| \le c(1+x^2)^k D^{q+1_i}\phi m^1_{k,q+1_i}$$

durch Supremumbildung ($p = \infty$) bzw. durch Integration und Summation ($1 \le p < \infty$).

§ 8. Die Translation

Wir betrachten hier den Translationsoperator $\tau_h : \phi(x) \to \phi(x+h)$. Für spätere Zwecke wollen wir nicht nur hinreichende Bedingungen für seine Stetigkeit angeben, sondern auch Bedingungen dafür, daß τ_h für alle $|h| \leq h_o$ gleichmäßig beschränkt ist.

1. W-Räume. Satz. Es sei $\Omega_1 \supset \Omega_2 - h$ für alle $|h| \leq h_o$, $\ell_1 \geq \ell_2$ und

(T) $$M_2(x-h) \leq C_{h_o} \cdot M_1(x) \quad \text{für } |h| \leq h_o, \quad x \in \Omega_2 .$$

Dann ist der Translationsoperator

$$\tau_h : W_p^{\ell_1}(M_1,\Omega_1) \to W_p^{\ell_2}(M_2,\Omega_2)$$

gleichmäßig beschränkt für $|h| \leq h_o$. (Man hat $||\tau_h|| \leq C_h$ für $|h| \leq h_o$.)

Beweis. Wir haben (für $p = \infty$ entsprechende Änderungen)

$$||\tau_h\phi||_2^p = \int_{\Omega_2} \sum_{|s| \leq \ell_2} |D^s\tau_h\phi(x)|^p M_2^p(x)dx = \int_{\Omega_2 - h} \sum_{|s| \leq \ell_2} |D^s\phi(x)|^p M_2^p(x-h)dx \leq$$

$$\leq \int_{\Omega_2} \sum_{|s| \leq \ell_1} |D^s\phi(x)|^p C_h^p \, M_1^p(x)dx = C_{h_o}^p \, ||\phi||_1^p ,$$

woraus sich $||\tau_h|| \leq C_{h_o}$ ergibt. //

2. A-Räume. Satz. Es sei $G_1 \supset G_2 - h$ für alle $|h| \leq h_o$ und

(T) $$M_2(z-h) \leq C_{h_o} \cdot M_1(z) \quad \text{für } |h| \leq h_o .$$

Dann ist der Translationsoperator

$$\tau_h : A_p(M_1,G_1) \to A_p(M_2,G_2)$$

gleichmäßig beschränkt für $|h| \leq h_o$.

Der Beweis ist demjenigen für W-Räume analog.

3. S-Räume. Satz. Es sei die Bedingung

(T) $$(1+h_o^2)^k m_{k,q}^2 \leq C_{h_o} m_{k,q}^1$$

erfüllt. Dann ist der Translationsoperator

$$\tau_h : S_p(m^1) \to S_p(m^2)$$

gleichmäßig beschränkt für $|h| \leq h_o$.

Beweis. Wir notieren die Ungleichung

(1) $$1 + (x-h)^2 \leq 2^r(1+x^2)(1+h^2)$$

und haben

$$\|\tau_h\phi\|_2^p = \sum_{k,q} \int |(1+x^2)^k D^q \tau_h\phi(x) m_{k,q}^2|^p dx =$$

$$= \sum_{k,q} \int |(1+(x-h)^2)^k D^q \phi(x) m_{k,q}^2|^p dx \quad ,$$

woraus mit (1) und (T) weiter folgt

$$\leq \sum_{k,q} \int |(1+x^2)^k D^q \phi(x)(1+h^2)^k m_{k,q}^2|^p dx \leq$$

$$\leq C_{h_o}^p \cdot 2^r \cdot \sum_{k,q} \int |(1+x^2)^k D^q \phi(x) m_{k,q}^1|^p dx = C_{h_o}^p \cdot \|\phi\|_1^p \quad ,$$

d.h. $$\|\tau_h\| \leq 2^r C_{h_o} \quad \text{für } |h| \leq h_o \text{ . } //$$

§ 9. Die Foueriertransformation (zwischen Banachräumen).

Wir wollen hier die Fouriertransformation zwischen W-, A- und S-Räumen studieren. Man definiert die Fouriertransformation $\mathcal{F}$ durch das Integral

(1) $$\hat{\phi}(s) = (\mathcal{F}\phi)(s) = \int_{R^r} e^{is\cdot x}\phi(x)dx \quad ,$$

falls $\phi \in L^1$. Hier wurde

$$x\cdot s = x_1\cdot s_1 + \ldots + x_r\cdot s_r$$

gesetzt. Die Definition (1) gilt auch dann, wenn das Argument z der Funktion ϕ komplex ist, d.h. wir integrieren in (1) auf der reellen Untermannigfaltigkeit R^r des komplexen Raumes C^r.

Auch für $\phi \in L^2(R^r)$ kann man bekanntlich (siehe z.B. Achieser, Glasman [1]) die Fouriertransformation $\mathcal{F}$ definieren. Dazu geht man so vor: man wählt in $L^2(R^r)$ eine dichte Menge D von Funktionen $\phi \in L^1 \cap L^2$ (z.B. die Hermite'schen Funktionen), definiert dort die Fouriertransformation $\mathcal{F}$ durch das Integral (1), zeigt daß $\mathcal{F}$ auf D stetig ist und setzt $\mathcal{F}$ auf ganz $L^2(R^r)$ stetig fort. Dabei zeigt es sich, daß $\mathcal{F}$ ein (isometrischer) Isomorphismus $L^2 \leftrightarrow L^2$ ist, d.h. es gilt die Parsevalsche Gleichung

$$(\mathcal{F}f, \mathcal{F}g) = (2\pi)^r(f,g) \quad ,$$

wobei

$$(f,g) = \int_{R^r} f\cdot\bar{g}\, dx$$

geschrieben wurde.

Auch wir wollen die Fouriertransformation $\mathcal{F}$ entweder durch (1) (falls dieses Integral existiert) oder durch stetige Fortsetzung definieren, dabei nicht kleinlich sein und in beiden Fällen die Fouriertransformation durch (1) anschreiben. Für $\phi \in L^1$ gilt der Eindeutigkeitssatz (siehe Titchmarsh [1]): Aus $(\mathcal{F}\phi)(s) \equiv 0$ folgt $\phi(x) \equiv 0$ und es zeigt sich, daß die zu $\mathcal{F}$ inverse Transformation $\mathcal{F}^{-1}$ durch

(2) $$(\mathcal{F}^{-1}\psi)(x) = \frac{1}{(2\pi)^r}\int_{R^r} e^{-ix\cdot s}\,\psi(s)ds = \frac{1}{(2\pi)^r}\,\hat{\psi}(-x)$$

gegeben ist.

Aus (2) ersieht man sofort, daß in Funktionenräumen F, die bezüglich der Variablenspiegelung $x \rightsquigarrow -x$ symmetrisch sind (aus $f(x) \in F$ folgt $f(-x) \in F$), jeder Satz, der für die Fouriertransformation $\mathcal{F}$ richtig ist, auch für die umgekehrte Transformation $\mathcal{F}^{-1}$ gilt. Wir wollen dies im folgenden immer benutzen, ohne es besonders zu betonen.

Die Fouriertransformation hat - unter entsprechenden Voraussetzungen über ϕ - die wichtigen Eigenschaften

$$\mathcal{F}(P(D)\phi) = P(-is)\,\mathcal{F}(\phi),$$

$$\mathcal{F}(P(ix)\phi) = P(D)\,\mathcal{F}(\phi) ,$$

wobei P(x) ein Polynom in $x = (x_1,\ldots,x_r)$ mit konstanten Koeffizienten ist.

Benutzen wir die Schreibweise

$$z^k = z_1^{k_1} \ldots z_r^{k_r} ,$$

so vermerken wir für später

(A) $$a(1+|z|)^\ell \leq \sup_{|k|\leq\ell} |z^k| \leq b(1+|z|)^\ell .$$

<u>1. $Z_p^\ell(M)$-Räume.</u> Wir definieren eine spezielle Klasse von $A_p(M,G)$-Räumen, die $Z_p^\ell(M)$-Räume.

<u>Definition.</u> Sei $\phi(z)$ holomorph auf ganz C^r und $z = \sigma + i\tau$, dann definieren wir

$$Z_\infty^\ell(M) = \{\phi \mid \ ||\phi|| = \sup_{z\in C^r} |(1+|z|)^\ell M(\tau)\phi(z)| < \infty\} ,$$

wobei wir die positive Funktion $M(\tau)$ als stetig voraussetzen. Entsprechend ist

$$Z_p^\ell(M) = A_p((1+|z|)^\ell M(\tau),C^r) .$$

<u>Satz.</u> Es gelte

(F) $$e^{-x\cdot\tau}M_2(\tau) \leq M_1(x)I(x), \int_\Omega I(x)dx < \infty, x\in\Omega$$

für eine gewisse Funktion $I(x) \geq 0$ und alle τ. Dann ist die Fouriertransformation

(3) $$\mathcal{F}: \overset{\circ}{W}{}_\infty^\ell(M_1,\Omega) \to Z_\infty^\ell(M_2)$$

stetig.

Beweis. Wir haben wegen (F) für $\phi \in \mathcal{D}_\Omega$

$$|z^k\hat{\phi}(z)M_2(\tau)| = |\int_\Omega D^k\phi(x)e^{ix\cdot z}dx\, M_2(\tau)| \le$$

(4) $$\le \int_\Omega |D^k\phi(x)|e^{-x\tau}M_2(\tau)dx \le \int_\Omega |D^k\phi(x)|M_1(x)I(x)dx \le$$

$$\le \sup_{x\in\Omega} |D^k\phi(x)\cdot M_1(x)| \int_\Omega I(x)dx$$

(weil der Träger von ϕ kompakt ist, läßt sich die Fouriertransformierte $\hat{\phi}$ auf ganz C^r analytisch fortsetzen).

Aus (4) ergibt sich mit (A) durch Supremumbildung über $|k| \le \ell$

$$||\hat{\phi}||_{Z_\infty^\ell(M_2)} \le C||\phi||_{\overset{\circ}{W}{}_\infty^\ell(M_1,\Omega)} ,$$

d.h. die Abbildung

(5) $$\mathcal{F} : \mathcal{D}_\Omega \Big|_{\overset{\circ}{W}{}_\infty^\ell(M_1,\Omega)} \to Z_\infty^\ell(M_2)$$

ist stetig.

Da nach Definition $\mathcal{D}_\Omega$ dicht in $\overset{\circ}{W}{}_\infty^\ell(M_1,\Omega)$ liegt, läßt sich (5) durch Stetigkeit auf ganz $\overset{\circ}{W}{}_\infty^\ell(M_1,\Omega)$ fortsetzen und definiert so die stetige Abbildung (3) . //

<u>Satz 2.</u> Es sei wieder die Bedingung

(F) $$e^{-x\tau}M_2(\tau) \le M_1(x)I(x), \quad \int_{R^r} I(x)dx < \infty, \quad x \in R^r$$

für eine gewisse Funktion $I(x) \ge 0$ erfüllt, und das Wachstum der Funktion aus $W_\infty^\ell(M_1,R^r)$ sei derat, daß die Fouriertransformierten $\widehat{(D^s\phi)}$, $|s| \le \ell$ existieren und sich analytisch auf ganz C^r fortsetzen lassen. Beispielsweise sei

(Ex) $$M_1(x) \ge C_\tau(1+|x|)^{r+2}\, e^{-x\tau}$$

für jedes τ. Dann ist die Fouriertransformation

$$\mathcal{F} : W_\infty^\ell(M_1,R^r) \to Z_\infty^\ell(M_2)$$

stetig.

Beweis. Wir zeigen, daß aus (Ex) die analytische Fortsetzbarkeit auf C^r von $\mathcal{F}(D^k\phi)(x)$ für $|k| \le \ell$ folgt. $\mathcal{F}(D^k\phi)(z)$ ist z.B. dann die analytische Fortsetzung von $\mathcal{F}(D^k\phi)(x)$, wenn die Integrale

$$\mathcal{F}(D^k\phi)(z) = \int_{R^r} D^k\phi(s)e^{is\cdot z}ds,$$

$$\frac{\partial}{\partial z_j}\mathcal{F}(D^k\phi)(z) = \int_{R^r} D^k\phi(s)is_j e^{is\cdot z}ds, \qquad j = 1,\dots,r,$$

absolut konvergieren. Aus (Ex) folgt aber

$$|D^k\phi(s)| \leq \frac{c'_\tau e^{\tau s}}{(1+|s|)^{r+2}}$$

$$|D^k\phi(s)s_j| \leq \frac{c'_\tau e^{\tau s}(1+|s|)}{(1+|s|)^{r+2}} = \frac{c'_\tau e^{\tau s}}{(1+|s|)^{r+1}},$$

womit die absolute Konvergenz der obigen Integrale sichergestellt ist.

Zum weiteren Beweis bemerken wir, daß nun (4) wegen der eben bewiesenen analytischen Fortsetzbarkeit für alle $\phi \in W^\ell_\infty(M_1,R^r)$ gilt.

Satz 3. Wir nehmen an, daß für jedes $x \in \Omega$ ein τ existiert, so daß

(F) $$e^{-\tau x}M_2(x) \leq M_1(\tau)$$

ist. (Oder: es gibt ein τ_o derart, daß

(F') $$e^{-\tau_o x}M_2(x) \leq c_{\tau_o}\cdot M_1(\tau_o) \text{ für alle } x \in \Omega$$

gilt.) Dann ist die Fouriertransformation

(6) $$\mathcal{F}: Z^{\ell+r+1}_\infty(M_1) \to W^\ell_\infty(M_2,\Omega)$$

stetig.

Beweis. Wir beweisen für $\phi \in Z^{\ell+r+1}_\infty(M_1)$ die Formel

(7) $$\int_{R^r} \phi(\sigma)e^{ix\cdot\sigma}d\sigma = \int_{R^r} \phi(\sigma+i\tau)e^{ix(\sigma+i\tau)}d\sigma ;$$

dabei ist die absolute Konvergenz beider Integrale wegen

(8) $$|\phi(z)| \leq \frac{c}{M_1(\tau)(1+|z|)^{\ell+r+1}} \leq \frac{c}{M_1(\tau)(1+|\sigma|)^{r+1}}$$

leicht einzusehen. Wir benutzen den Residuensatz, nach dem das Integral

(9) $$\int_{\square} \phi(z)e^{ix\cdot z}dz$$

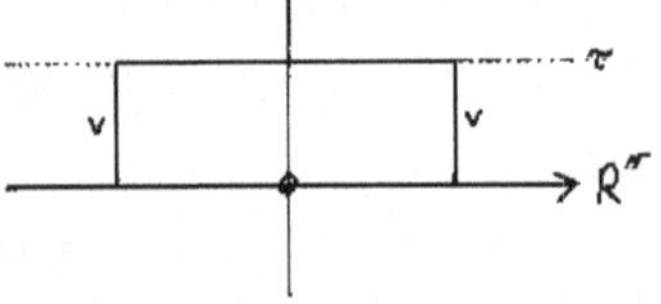

über den Rand des "Rechtecks" gleich Null ist. Wegen (8) haben wir für die Integrale über die Vertikalen V

(10) $$\left|\int_V \phi(z)e^{ix\cdot z}dz\right| \leq \frac{c}{(1+|\sigma|)^{r+1}} \int_o^\tau \frac{e^{-x\tau}}{M_1(\tau)}d\tau \to 0$$

für $|\sigma| \to \infty$. Wenn wir also in (9) den Grenzübergang $|\sigma| \to \infty$ ausführen und (10) berücksichtigen, erhalten wir (7).

Nun die Stetigkeit von (6).

Wir haben wegen (7) für $x \in \Omega$

$$|D^k\hat{\phi}(x)M_2(x)| = |\int_{R^r} \sigma^k \phi(\sigma)e^{ix\cdot\sigma}d\sigma M_2(x)| =$$

$$= |\int_{R^r} (\sigma+i\tau)^k \phi(\sigma+i\tau)e^{ix(\sigma+i\tau)}M_2(x)d\sigma| \leq$$

$$\leq \int_{R^r} (1+|\sigma+i\tau|)^\ell |\phi(\sigma+i\tau)|e^{-x\tau}M_2(x)d\sigma \leq$$

$$\leq \int_{R^r} \frac{(1+|\sigma+i\tau|)^{\ell+r+1}}{(1+|\sigma|)^{r+1}} |\phi(\sigma+i\tau)|M_1(\tau)d\sigma \leq$$

$$\leq \sup_z |\phi(z)(1+|z|)^{\ell+r+1}M_1(\tau)| \cdot \int_{R^r} \frac{d\sigma}{(1+|\sigma|)^{r+1}}$$

(oder, falls wir (F') anwenden,

$$\leq c_{\tau_o} \cdot \sup_z |\phi(z)(1+|z|)^{\ell+r+1}M_1(\tau)| \int_{R^r} \frac{d\sigma}{(1+|\sigma|)^{r+1}} \quad),$$

woraus sich durch Supremumbildung

$$||\mathcal{F}\phi||_{W^\ell_\infty(M_2,\Omega)} \leq C||\phi||_{Z^{\ell+r+1}_\infty(M_1)}$$

ergibt. //

<u>2. Die Fouriertransformation zwischen A_∞-Räumen.</u> Wir wollen nun Bedingungen angeben, unter denen die Fouriertransformation stetig zwischen zwei A_∞-Räumen wirkt. Dabei sei das Wachstumverhalten der Funktionen ϕ aus $A_\infty(M_1,C^r)$ derart, daß erstens Formel § 9. 1. (7) gilt (mit absoluter Konvergenz beider Integrale) und zweitens, daß sich die Fouriertransformierte $\hat{\phi}$ auf ganz C^r analytisch fortsetzen läßt. Dies ist z.B. dann gewährleistet, wenn M_1 die Bedingung

(Ex) $$M_1(z) = M_1(x+iy) \geq c_\tau(1+|x|)^{r+2}\tilde{M}(y)e^{-x\tau}, \qquad c_\tau > 0$$

für jedes τ erfüllt. Setzen wir nämlich $\tau = 0$, so erfüllen die $\phi \in A_\infty(M_1)$ die Abschätzung § 9.1.(8), woraus - wie wir in § 9.1. Satz 3 bewiesen haben - § 9.1.(7) folgt; fixieren wir y, so haben wir die Abschätzung § 9.1. (Ex) vor uns, welche die analytische Fortsetzbarkeit gewährleistet.

<u>Satz.</u> M_1 genüge der Bedingung (Ex), und es existiere eine Funktion $I(\sigma) \geq 0$ derart, daß es zu jedem x ein τ gibt mit

(F) $$M_2(x+iy)e^{-y\sigma-x\tau} \leq M_1(\sigma+i\tau)I(\sigma), \qquad \int I < \infty \text{ für alle } y,\sigma .$$

Die Fouriertransformation

(1) $$\mathcal{F}: A_\infty(M_1,C^r) \to A_\infty(M_2,C^r)$$

ist dann stetig.

Beweis. Da (Ex) gilt, ist $\hat{\phi}$ analytisch fortsetzbar und wir haben (ebenfalls wegen (Ex))

$$\hat{\phi}(z) = \hat{\phi}(x+iy) = \int_{R^r} \phi(\sigma+i\tau)e^{i(x+iy)(\sigma+i\tau)}d\sigma .$$

Mit Hilfe von (F) schätzen wir ab

$$
\begin{aligned}
|\hat{\phi}(z)M_2(z)| &= |\int_{R^r} \phi(\sigma+i\tau)e^{i(x+iy)(\sigma+i\tau)}M_2(x+iy)d\sigma| \leq \\
&\leq \int_{R^r} |\phi(\sigma+i\tau)|e^{-y\sigma-x\tau}M_2(x+iy)d\sigma \leq \\
&\leq \int_{R^r} |\phi(\sigma+i\tau)|M_1(\sigma+i\tau)I(\sigma)d\sigma \leq \\
&\leq \sup_{s\in C^r} |\phi(s)M_1(s)| \int_{R^r} I(\sigma)d\sigma .
\end{aligned}
\tag{2}
$$

(2) bedeutet aber

$$||\mathcal{F}\phi||_{A_\infty(M_2)} \leq C||\phi||_{A_\infty(M_1)} ,$$

d.h. die Stetigkeit von (1).

<u>3. Die Fouriertransformation zwischen $S_\infty(m)$-Räumen.</u> Wir wollen die Fouriertransformation zwischen $S_\infty(m)$-Räumen studieren. Aus $\phi \in S_\infty(m)$ folgt sofort die Existenz von $\mathcal{F}(x^kD^q\phi)$, denn $\sup\limits_{\substack{k,q\\x}} |(1+x^2)^kD^q\phi m_{k,q}| < \infty$ zieht

$$|x^kD^q\phi(x)| \leq \frac{c}{(1+|x|)^{r+1}}$$

und damit die absolute Konvergenz des Fourierintegrals nach sich.

Da es schwierig ist, eine einfache Formel für $D^q(1+x^2)^k$ anzugeben, ist es für die Fouriertransformation zweckmäßiger, statt $S_\infty(m)$ die Räume $\tilde{S}_\infty(m)$ mit der Norm $||\phi|| = \sup\limits_{\substack{k,q\\x}} |x^kD^q\phi(x)m_{k,q}|$ zu nehmen.

Um die hinreichenden Bedingungen für die Einbettungen zwischen den $S_\infty(m)$ und den $\tilde{S}_\infty(m)$-Räumen einfach hinschreiben zu können, wollen wir in den $S_\infty(m)$-Räumen die Indizierung des Gelfandschen angleichen, d.h. statt k wollen wir 2k schreiben (x tritt wegen des Normfaktors $(1+x^2)^k$ mit der Potenz 2k auf!).

<u>Satz 1.</u> Es seien die Bedingungen

$$m^2_{2k,q} \leq cm^1_{2k,q} \quad \text{und} \quad m^2_{2k-1,q} \leq cm^1_{2k,q} \tag{J}$$

erfüllt. Dann ist die Einbettung

$$S_\infty(m^1) \to \tilde{S}_\infty(m^2) \tag{1}$$

stetig.

Der Beweis folgt aus den Ungleichungen

$$|x^{2k}| \le (1+x^2)^k \quad \text{und} \quad |x^{2k-1}| \le (1+x^2)^k .$$

<u>Satz 2.</u> Für die Stetigkeit der Einbettung

$$(2) \qquad \tilde{S}_\infty(m^1) \to S_\infty(m^2)$$

sind die folgenden Bedingungen hinreichend:

1. $m^2_{2k,q} \le c \dfrac{m^1_{2k,q}}{2^k}$

2. $m^1_{2k,q} \le m^1_{0,q}$.

Beweis. Aus

$$(1+x^2)^k \le 2^k \cdot \max\,(1,x^{2k})$$

folgt wegen 1.

$$(1+x^2)^k\, m^2_{2k,q} \le c\cdot m^1_{2k,q}\cdot \max\,(1,x^{2k})$$

und unter Verwendung von 2.

$$(1+x^2)^k\, m^2_{2k,q} \le c \max\,(m^1_{0,q}, x^{2k} m^1_{2k,q}) ,$$

woraus

$$\sup_{\substack{k,q\\x}} |(1+x^2)^k D^q \phi(x) m^2_{2k,q}| \le c \sup_{\substack{k,q\\x}} |x^{2k} D^q (x)\cdot m^1_{2k,q}| \le$$

$$\le c \sup_{\substack{k,q\\x}} |x^k D^q (x)\, m^1_{k,q}|$$

folgt. Damit ist die Stetigkeit von (2) bewiesen. //

<u>Satz 3.</u> Es seien die Bedingungen

$$(F) \qquad \pi(k)\binom{k}{i}\binom{q}{i} i!\, m^2_{k,q} \le \frac{m^1_{q-i,k-i}}{m^1_{q-i+\overline{2},k-i}} ,$$

mit $\pi(k) = (k_1+1)\ldots(k_r+1)$, $\binom{k}{i} = \binom{k_1}{i_r} \ldots \binom{k_r}{i_r}$ und $i! = i_s! \ldots i_r!$ erfüllt.

Dann ist die Fouriertransformation

$$(3) \qquad \mathcal{F}: \tilde{S}_\infty(m^1) \to \tilde{S}_\infty(m^2)$$

stetig.

<u>Bemerkung.</u> Bei den Räumen, die wir behandeln werden, genügt es, die Bedingungen

$$(F_1) \qquad \pi(k) 2^{|k|} 2^{|q|} \cdot i! \cdot m^2_{k,q} \le \frac{m^1_{q-i,k-i}}{m^1_{q-i+\overline{2},k-1}}$$

nachzuprüfen.

Beweis. Wir haben

$$|s^k D^q \hat{\phi} m^2_{k,q}| \leq |\int_{R^r} D^k(x^q\phi(x))e^{is\cdot x}dx\; m^2_{k,q}| \leq$$

$$\leq \int_{R^r} |\sum_{i\leq k} \binom{k}{i}\binom{q}{i} i!\; x^{q-i} D^{k-i}\phi(x) m^2_{k,q}| dx \leq$$

$$\leq \int_{R^r} \sum_{i\leq k} \binom{k}{i}\binom{q}{i} i! \Big| |x^{q-i}| + |x^{q-i+\overline{2}}| \Big| |D^{k-i}\phi(x)| m^2_{k,q} \frac{dx}{(1+|x|^{r+1}}$$

letzteres wegen $1 \leq \frac{1+x^{\overline{2}}}{1+|x|^{r+1}}$. Wenden wir die Bedingung (F) an, so erhalten wir weiter

$$\leq \int_{R^r} \sum_{i\leq k} \frac{1}{\pi(k)} \Big| m^1_{q-i,k-i} |x^{q-i} D^{k-i}\phi(x)| +$$

$$+ m^1_{q-i+\overline{2},k-i} |x^{q-i+\overline{2}}\phi(x)| \Big| \frac{dx}{1+|x|^{r+1}} \leq$$

$$\leq \sup_{\substack{i\leq k\\ x}} \Big| m^1_{q-i,k-i} |x^{q-i} D^{k-i}\phi(x)| + m^1_{q-i+\overline{2},k-i} |x^{q-i+\overline{2}} D^{k-i}\phi(x)| \Big|$$

$$\cdot \int_{R^r} \Big(\sum_{i\leq k} \frac{1}{\pi(k)}\Big) \frac{dx}{1+|x|^{r+1}} \leq 2\cdot \sup_{\substack{k,q\\ x}} |x^k D^q \phi(x) m^1_{k,q}| \cdot \int_{R^r} \frac{dx}{1+|x|^{r+s}} .$$

Zusammengefaßt haben wir

$$|| \mathcal{F}\phi||_{\tilde{S}_\infty(m^2)} \leq 2c||\phi||_{\tilde{S}_\infty(m^1)} . \qquad //$$

§ 10. Darstellung der Funktionale

1. W-Räume. Satz 1. Die stetigen, linearen Funktionale $f = \langle f,\phi\rangle$ auf $W^\ell_p(M,\Omega)$ haben die Form

$1 < p < \infty$: $\langle f,\phi\rangle = \sum_{|\alpha|\leq \ell} \int_\Omega D^\alpha\phi(x) f_\alpha(x) M(x)dx$ mit $f_\alpha \in L_{p'}(\Omega)$,

und $||f|| = [\sum_{|\alpha|\leq \ell} \int_\Omega |f_\alpha(x)|^{p'}dx]^{1/p'}$, $\frac{1}{p'} + \frac{1}{p} = 1$.

$p = 1$: $\langle f,\phi\rangle = \sum_{|\alpha|\leq \ell} \int_\Omega D^\alpha\phi(x) f_\alpha(x) M(x)dx$, mit $f_\alpha \in L_\infty(\Omega)$,

und $||f|| = \max_{|\alpha|\leq \ell} \sup_x \text{ess} |f_\alpha(x)|$.

$p = \infty$: $\langle f,\phi\rangle = \sum_{|\alpha|\leq \ell} \int_\Omega D^\alpha\phi(x) M(x) d\sigma_\alpha(x)$ mit $\sigma_\alpha \in C'(\Omega)$

und $||f|| = \sum_{|\alpha|\leq \ell} \int_\Omega |d\sigma_\alpha(x)|$.

Beweis. Wir führen den Beweis für $1 < p < \infty$, für die anderen Fälle lauft er analog. Wir betten $W^\ell_p(M,\Omega)$ stetig ein in $\prod_{|\alpha|\leq \ell} L_p(\Omega)$ (injektiv) durch:

$$W_p^\ell(M,\Omega) \leftrightarrow \tilde{W}_p^\ell \subset \prod_{|\alpha|\le\ell} L_p(\Omega)$$

$$\cup \qquad\qquad \cup$$

(1) $$\phi \leftrightarrow \tilde{\phi} = (D^\alpha \phi M(x))_{|\alpha|\le\ell},$$

wobei wir das kartesische Produkt $\prod_{|\alpha|\le\ell}$ mit der ℓ_p-Norm versehen haben. Wegen der Voraussetzung $M(x) > 0$ ist (1) eineindeutig und stetig in beiden Richtungen. Damit ist jedes stetige Funktional $\langle f,\phi\rangle$ auf W_p^ℓ auch stetig auf $\tilde{W}_p^\ell(\langle f,\phi\rangle = \langle f,\tilde{\phi}\rangle)$ und umkehrt. Wir wenden den Satz von Hahn-Banach an und erweitern $\langle f,\tilde{\phi}\rangle$ von $\tilde{W}_p^\ell$ auf $\prod_{|\alpha|\le\ell} L_p(\Omega)$ unter Erhaltung der Norm (E § 5.2. Korollar 4). Nach E § 5.4. und E § 12.4. (siehe auch § 10.3. Hilfssatz 1) haben die stetigen, linearen Funktionale auf $\prod_{|\alpha|\le\ell} L_p(\Omega)$ die Form $\langle f,\psi\rangle = \sum_{|\alpha|\le\ell} \int_\Omega \psi f_\alpha dx$ mit $||f|| = |\sum_{|\alpha|\le\ell} \int_\Omega |f_\alpha(x)|^{p'}dx|^{1/p'}$, $f_\alpha \in L_{p'}(\Omega)$ und $\frac{1}{p'} + \frac{1}{p} = 1$. Beschränken wir uns auf den Unterraum $\tilde{W}_p^\ell \leftrightarrow W_p^\ell$, so haben wir

$$\langle f,\phi\rangle = \sum_{|\alpha|\le\ell} \int_\Omega D^\alpha\phi(x)M(x)f_\alpha(x)dx \quad . \quad //$$

Nach Definition liegt $\mathcal{D}_\Omega$ dicht in $\mathring{W}_p^\ell(M,\Omega)$, und die $\mathcal{D}_\Omega$-Konvergenz ist feiner als die $\mathring{W}_p^\ell$-Konvergenz. Das bedeutet, daß wir $(\mathring{W}_p^\ell(M,\Omega))'$ als Unterraum der Distributionen $\mathcal{D}'_\Omega$ (siehe § 14) auffassen können. Für $f \in (\mathring{W}_p^\ell)'$ hat man selbstverständlich dieselbe Darstellung wie in Satz 1 ($\mathring{W}_p^\ell$ ist Unterraum von W_p^ℓ, Satz von Hahn-Banach!); da aber f eine Distribution ist, können wir für $\phi \in \mathcal{D}_\Omega$

(2) $$\langle f,\phi\rangle = \sum_{|\alpha|\le\ell} (-1)^\alpha \int_\Omega \phi(x)D^\alpha(M(x)f_\alpha(x))dx$$

schreiben, und (2) gilt wegen der Stetigkeit auch für alle $\phi \in \mathring{W}_p^\ell(M,\Omega)$. Nehmen wir noch den Faktor $(-1)^\alpha$ in die Funktion f_α auf, so haben wir den

<u>Satz 2.</u> Für $f \in (\mathring{W}_p^\ell(M,\Omega))'$ gilt die Darstellung $(1 < p < \infty)$

(3) $$f = \sum_{|\alpha|\le\ell} D^\alpha(M(x)f_\alpha(x)), \qquad f_\alpha \in L_{p'} \quad \text{mit}$$

$$||f|| = \max_{|\alpha|\le\ell} \left[\int_\Omega |f_\alpha(x)|^{p'}dx\right]^{1/p'}, \quad \frac{1}{p'} + \frac{1}{p} = 1 \ ,$$

wobei die Ableitungen D^α im Distributionssinne zu interpretieren sind. (Entsprechende Darstellungen gelten auch für die Fälle $p = 1$, $p = \infty$). Es gilt auch die Umkehrung: Jede Distribution der Form (3) ist ein lineares stetiges Funktional auf $\mathring{W}_p^\ell(M,\Omega)$.

Man erhält diese Umkehrung aus (2) durch eine einfache Anwendung der Hölderschen Ungleichung.

<u>2. A-Räume.</u> <u>Satz.</u> Die stetigen linearen Funktionale $f = \langle f,\phi\rangle$ auf $A_p(M,G)$ haben folgende Form

$$1 < p < \infty : \langle f,\phi\rangle = \int_G \phi(z)f(z)M(z)dz, \quad f(z) \in L_{p'}(G)\,,$$

$$||f|| = \left[\int_G |f(z)|^{p'}\right]^{1/p'}, \quad \frac{1}{p'} + \frac{1}{p} = 1\,,$$

$$p = 1 : \langle f,\phi\rangle = \int_G \phi(z)f(z)M(z)dz, \quad f(z) \in L_\infty(G),$$

$$||f|| = \sup_{z\,G} \text{ess}\, |f(z)|,$$

$$p = \infty : \langle f,\phi\rangle = \int_G \phi(z)d\sigma(z), \quad \sigma \in C'(G),$$

$$||f|| = \int_G |d\sigma(z)|.$$

Der Beweis ergibt sich mit Hilfe des Satzes von Hahn-Banach einfach daraus, daß $A_p(M,G)$ ein Unterraum von $L_p(M,G)$ ist.

Bemerkung. Die oben angegebene Darstellung der analytischen Funktionale ist in vieler Hinsicht unbefriedigend; z.B. ist die Funktion f(z) durch das Funktional f nicht eindeutig bestimmt. Sei $\Phi \not\equiv 0$ eine Funktion aus $C^1(\Omega)$ mit kompakten Trägern in G. Wir setzen

$$\Phi_0 := \frac{\partial\Phi}{\partial\bar{z}} = \frac{1}{2}\left(\frac{\partial\Phi}{\partial x} + i\frac{\partial\Phi}{\partial y}\right)$$

und sehen, daß auch $\Phi_0 \not\equiv 0$ ist und ebenfalls einen kompakten Träger in G hat. Für $f \in A_p(1,G)$ ist

$$\langle f,\phi\rangle = \int_G \phi(z)f(z)dz = \int_G \phi(z)(f(z)+\Phi_0(z))dz ,$$

da wegen der Holomorphie von $\phi \in A_p(G)$

$$\int_G \phi(z)\Phi_0(z)dz = \int_G \phi(z) \frac{\partial\Phi}{\partial\bar{z}} dz = - \int_G \frac{\partial\phi}{\partial\bar{z}}\cdot\Phi\cdot dz = 0$$

ist.

3. S(m)-Räume. Wir wollen hier eine Darstellung der Funktionale für die Fälle $1 \leq p < \infty$ angeben. Der Fall $p = \infty$ ist komplizierter. Um den Darstellungssatz zu beweisen, benötigen wir zwei Hilfssätze.

Hilfssatz 1. Es sei $E = \prod_{i=1}^{N} E_i$, E_i normiert, und die Norm auf E sei durch $||x|| = (\sum_{i=1}^{N} ||x_i||_i^p)^{1/p}$ gegeben. Dann haben die stetigen linearen Funktionale $\langle f,x\rangle$ auf E die Form

$$(1) \qquad \langle f,x\rangle = \sum_{i=1}^{N} \langle f_i,x_i\rangle , \qquad f_i \in E_i'$$

mit der Norm

$$||f|| = (\sum_{i=1}^{N} ||f_i||_i^q)^{1/q}, \text{ wobei } \frac{1}{p} + \frac{1}{q} = 1 \text{ ist.}$$

Beweis. Die Darstellung (1) erhalten wir wie in E § 12.4. Wir wollen die Norm von f ausrechnen. Sei $\varepsilon > 0$ vorgegeben; wir wählen x_i derart, daß $||x_i||_i \leq 1$ und $||f_i|| - \varepsilon \leq |\langle f_i,x_i\rangle|$ ist. Nun setzen wir

$$x_0 = \{x_i^0 = x_i \cdot ||f_i||^{q-1} \cdot \text{sgn} \langle f_i,x_i\rangle\}$$

und schätzen $\langle f,x_0\rangle$ nach oben und unten ab:

$$\sum_{i=1}^{N} ||f_i||^q - \varepsilon \sum_{i=1}^{N} ||f_i||^{q-1} \leq \sum_{i=1}^{N} |\langle f_i, x_i\rangle| \; ||f_i||^{q-1} = \sum_{i=1}^{N} \langle f_i, x_i^o\rangle = \langle f, x_o\rangle \leq$$

$$\leq ||f|| (\sum_{i=1}^{N} ||f_i||^{(q-1)p} ||x_i||^p)^{1/p} \leq ||f|| (\sum_{i=1}^{N} ||f_i||^{(q-1)p})^{1/p} =$$

$$= ||f|| (\sum_{i=1}^{N} ||f_i||^q)^{1/p} .$$

Da $\varepsilon > 0$ beliebig war, erhalten wir aus dem ersten und letzten Glied dieser Abschätzung

$$\sum_{i=1}^{N} ||f_i||^q \leq ||f|| (\sum_{i=1}^{N} ||f_i||^q)^{1/p} , \quad \text{also}$$

$$(\sum_{i=1}^{N} ||f_i||^q)^{1/q} \leq ||f|| , \qquad \frac{1}{p} + \frac{1}{q} = 1 .$$

Die umgekehrte Ungleichung erhält man durch Anwendung der Hölderschen Ungleichung auf (1). //

Hilfssatz 2. Sei $m_{k,q} > 0$ eine gegebene Multi-Folge und $T_p(m)$ der Raum aller Funktionsmultifolgen $F = \{f_{k,q}(x)\}$, $f_{k,q}(x) \in L_p(R^r)$ mit der Norm

$$||F|| = (\sum_{k,q} \int_{R^r} |f_{k,q}(x)|^p dx \; m_{k,q}^p)^{1/p} = (\sum_{k,q} ||f_{k,q}||^p m_{k,q}^p)^{1/p} < \infty, \; 1 \leq p < \infty.$$

Die stetigen linearen Funktionale G auf $T_p(m)$ haben die Form ($G \in T_p'(m), \frac{1}{p}+\frac{1}{q}=1$):

$$(2) \qquad G(F) = \sum_{k,q} \int_{R^r} f_{k,q}(x) \cdot g_{k,q}(x) dx \quad \text{mit} \quad g_{k,q} \in L_q(R^r) ,$$

wobei die Norm von G durch

$$||G|| = (\sum_{k,q} \int_{R^r} \frac{|g_{k,q}(x)|^q dx}{m_{k,q}^q})^{1/q} , \quad \text{für} \quad 1 < p < \infty,$$

bzw.

$$||G|| = \sup_{\substack{k,q \\ x \in R^r}} \frac{|g_{k,q}(x)|}{m_{k,q}} \quad \text{für} \quad p = 1$$

gegeben ist.

Beweis. Wir beweisen den Satz für $1 < p < \infty$, der Beweis für $p = 1$ ist einfacher (siehe Wloka [1]). Es sei $F_{k,q}$ die Folge $\{0,\ldots,0,f_{k,q},0,\ldots\}$. Dann gilt im Sinne der Topologie von $T_p(m)$

$$F = \sum_{k,q} F_{k,q} ,$$

denn wir haben

$$||F - \sum_{k,q}^{N} F_{k,q}|| = ||\sum_{N}^{\infty} F_{k,q}|| = (\sum_{N}^{\infty} m_{k,q}^{p} ||F_{k,q}||^{p})^{1/p} < \varepsilon .$$

Damit folgt aus der Stetigkeit die Darstellung

$$(3) \qquad G(F) = G(\sum_{k,q} F_{k,q}) = \sum_{k,q} G(F_{k,q}) = \sum_{k,q} g_{k,q}(f_{k,q}) ,$$

wobei $g_{k,q}$ ein stetiges Funktional auf $L_p(R^r)$ ist. Benutzen wir die Rieszsche Darstellung der stetigen Funktionale auf L_p, so ergibt sich aus (3) die Formel (2).

Nun wollen wir die Norm von G berechnen. Mit der Hölderschen Ungleichung folgt aus (2)

$$|G(F)| = |\sum_{k,q} \int_{R^r} f_{k,q}\, g_{k,q} dx| \leq \left[\sum_{k,q} \int |f_{k,q}|^p dx\, m_{k,q}^p\right]^{1/p} \cdot \left[\sum_{k,q} \frac{g_{k,q}{}^q dx}{m_{k,q}^q}\right]^{1/q} ,$$

also $||G|| \leq \left[\sum_{k,q} \frac{g_{k,q}{}^q dx}{m_{k,q}^q}\right]^{1/q}$.

Wir beweisen die umgekehrte Ungleichung indem wir N fixieren und den Vektor $\{f_{k,q}\}_N \in \prod_N L_p(R^r)$ mit der Norm $||\{f_{k,q}\}_N|| = (\sum_{k,q}^{N} ||f_{k,q}||^p \cdot m_{k,q}^p)^{1/p}$ betrachten. Nach Hilfssatz 1 kann man zu jedem $\varepsilon > 0$ einen Vektor $\{f_{k,q}^o\}_N$ finden mit den Eigenschaften

$$||\{f_{k,q}^o\}_N|| \leq 1$$

und

$$\left[\sum_{k,q}^{N} \frac{||g_{k,q}||^q}{m_{k,q}^q}\right]^{1/q} - \varepsilon \leq \left|\sum_{k,q}^{N} g_{k,q}(f_{k,q}^o)\right| = \left|G(\{f_{k,q}^o\}_N)\right| \leq ||G||\cdot||\{f_{k,q}^o\}_N|| \leq$$
$$\leq ||G|| .$$

Daraus folgt - da N und $\varepsilon > 0$ beliebig waren -

$$\left[\sum_{k,q} \frac{||g_{k,q}||^q}{m_{k,q}^q}\right]^{1/q} \leq ||G|| \qquad . //$$

<u>Satz.</u> Es sei G ein lineares stetiges Funktional auf $S_p(m)$, $1 \leq p < \infty$. Dann gilt für $\phi \in S_p(m)$, $G \in S_p'(m)$ die Darstellung

$$G(\phi) = \sum_{k,q} \int_{R^r} D^q (x)(1+x^2)^k g_{k,q}(x)dx, \quad g_{k,q} \in L_{p'}(R^r) , \qquad \frac{1}{p'} + \frac{1}{p} = 1 ,$$

wobei die Norm von G durch

$$||G|| = \left[\sum_{k,q} \int_{R^r} \frac{|g_{k,q}(x)|^{p'}}{m_{k,q}^{p'}}\right]^{1/p'} \qquad \text{für} \quad 1 < p < \infty ,$$

bzw.

$$||G|| = \sup_{\substack{k,q \\ x \in R^r}} \frac{|g_{k,q}(x)|}{m_{k,q}} \qquad \text{für } p = 1$$

gegeben ist.

Beweis. Wir betten $S_p(m)$ in $T_p(m)$ isometrisch ein durch

$$\begin{array}{ccc} (1+x^2)^k D^q(x) & \leftrightarrow & f_{k,q}(x) \\ \cap & & \cap \\ S_p(m) & \to & T_p(m) \end{array}$$

und erhalten unsere Aussage aus Hilfssatz 2 durch Anwendung des Satzes von Hahn-Banach. (Der weitere Beweis ist demjenigen für die W-Räume vollkommen analog - siehe § 10.1.) //

III. Projektive Grundräume.

§ 11. Allgemeine Betrachtungen.

Wir wollen in diesem Abschnitt projektive Grundräume E behandeln, d.h. Räume der Gestalt

(1) $$E = \underset{\leftarrow\, n}{\text{proj}}\, E_n,$$

wobei $$\{E_n\} = E_1 \leftarrow E_2 \leftarrow \ldots$$

ein Spektrum von Banachräumen ist. Da - wie gesagt - die E_n Banachräume sind, folgt aus (1) nach E § 6.2.4 der

Satz 1. E ist ein (F)-Raum, insbesondere vollständig.

Für die Räume E_n nehmen wir entweder

(2) $$W_\infty^n(M_n,\Omega_n), \qquad A_\infty(M_n,G_n) \quad \text{oder} \quad S_\infty(m^n) \;,$$

(daß man in den Definitionen beliebige L_p-Normen nehmen kann, zeigen wir später!), und für die Spektralabbildungen " $\leftarrow$ " nehmen wir die Restriktion der Funktionen aus E_{n+1} vom Definitionsgebiet Ω_{n+1} (bzw. G_{n+1}) auf das Gebiet Ω_n (bzw. G_n). Es muß daher

V_1 $$\Omega_n \subseteq \Omega_{n+1} \qquad (\text{bzw. } G_n \subseteq G_{n+1})$$

sein, und damit die Restriktionsabbildungen der Räume vom Typus (2) stetig sind, müssen die Gewichtsfunktionen die (hinreichenden) Bedingungen

(siehe § 3.1. Satz 1, § 3.2. Satz 1 und § 3.3. Satz 1)

V_2 $\qquad M_n(x) \leq C_n M_{n+1}(x)$, $\quad M_n(z) \leq C_n M_{n+1}(z)$ oder $m_{kq}^n \leq C_n m_{kq}^{n+1}$

erfüllen.

Dabei sind die Konstanten C_n in den meisten, uns interessierenden Fällen gleich 1.

Der Zusammenhang zwischen der Konvergenz auf E und der üblichen punktweisen Konvergenz wird hergestellt durch den

Satz 2. Die Konvergenz auf E ist feiner als die punktweise Konvergenz, d.h. aus $\phi_k \to \phi_o$ in E folgt $\phi_k(x) \to \phi_o(x)$ für $x \in \Omega = \bigcup_n \Omega_n$ (W-Räume) bzw. $\phi_k(z) \to \phi_o(z)$, $z \in G = \bigcup_n G_n$ (A-Räume) oder $\phi_k(x) \to \phi_o(x)$, $x \in R^r$ (S(m)-Räume). Die Konvergenz ist sogar gleichmäßig auf jedem Kompaktum von Ω, (bzw. G, R^r).

Beweis. Wir führen den Beweis nur für die W-Räume durch; für die A- und S(m)-Räume sind die Bezeichnungen zu ändern. Es sei $K \subset \bigcup_n \Omega_n$ eine kompakte Menge; wegen der Kompaktheit haben wir $K \subset \bigcup_{\text{endlich}} \Omega_n$ und aufgrund von V_1 existiert ein n_o mit

$$K \subset \Omega_{n_o} .$$

Die Konvergenz $\phi_k \to \phi_o$ in E bedeutet insbesondere $||\phi_k - \phi_o||_{n_o} \to 0$ und wegen der speziellen Gestalt der Norm von $W_\infty^n (M_{n_o}, \Omega_{n_o})$:

$$(3) \qquad \phi_k(x) M_{n_o}(x) \to \phi_o(x) M_{n_o}(x) \quad \text{gleichmäßig auf } \Omega_{n_o} .$$

Die Voraussetzungen über $M_{n_o}(x)$ ergeben

$$(4) \qquad M_{n_o}(x) \geq m > 0 \quad \text{auf } K ,$$

und aus (3), (4) erhalten wir sofort

$$\phi_k(x) \to \phi_o(x) \quad \text{gleichmäßig auf } K . \quad //$$

Für die Zwecke der Theorie der verallgemeinerten Funktionen reicht die Stetigkeit des Spektrums (1) nicht aus. Wir wollen deshalb immer voraussetzen, daß das Spektrum kompakt ist, d.h. :

$$V_3 \qquad E_n \leftarrow E_{n+1} \quad \text{kompakt} .$$

(Für die Räume (2) bedeutet dies, daß wir die Bedingung (K) der Sätze § 4.1. Satz 2, § 4.2. Satz 2 und § 4.3. Satz 2 nachprüfen müssen.) Der Limesraum (1) eines kompakten, projektiven Spektrums ist ein $\overline{S}$-Raum (siehe E § 22.), von dem wir viele Eigenschaften kennen. So ist z.B. in einem $\overline{S}$-Raum jede beschränkte Menge relativ kompakt (siehe E § 22. 1.3. Satz); somit erhalten wir in Verbindung mit Satz 2 das folgende Konvergenzkriterium.

Satz 3. Eine Folge $\{\phi_k\}$ konvergiert in E genau dann, wenn gilt:

1. $\{\phi_k\}$ ist beschränkt in E, d.h. $||\phi_k||_n \leq C_n < \infty$ für jedes $n \in \mathbb{N}$.
2. $\phi_k(x)$ konvergiert punktweise auf Ω (G oder R^r) .

Beweis. Notwendigkeit: 1. Jede konvergente Folge ist beschränkt. 2. folgt sofort aus Satz 2. Hinlänglichkeit: Jede beschränkte Menge in E ist relativ kompakt; daher hat $\{\phi_k\}$ konvergente Unterfolgen, die wegen 2. gegen eine und dieselbe Limesfunktion ϕ_o streben müssen, da E ein (F)-Raum (metrisierbar!) ist, muß auch

$$\phi_k \to \phi_o \quad \text{in E}$$

gelten.

<u>Satz 4.</u> E und F mit $E \subset F$ seien Grundräume (aufgebaut aus "Ziegeln" der Form (2)), die V_1, V_2 und V_3 erfüllen (es genügt vorauszusetzen, daß E und F Montelräume sind (siehe E § 22.2.) und daß E bornologisch ist (siehe E § 11.2.)). Auf E und F seien die Operationen $\frac{\partial}{\partial x_j}$, $j = 1,\ldots,r$ erklärt und stetig, und der Translationsoperator $\tau_h : E \to F$ sei für $|h| \leq h_o$ gleichmäßig beschränkt, d.h. die Menge $\{\tau_h\phi : |h| \leq h_o, \phi \in B\}$ sei beschränkt, falls B beschränkt ist.
Dann gilt auf E', in der starken Topologie von E',

$$(5) \qquad \frac{\tau_{h_j} f - f}{h_j} \to \frac{\partial}{\partial x_j} f\,, \quad \text{für} \quad h_j \to 0, \quad f \in F'\,.$$

Beweis. Wir haben für $\phi \in E$ (Mittelwertsatz)

$$(6) \qquad \frac{\tau_{h_j}\phi - \phi}{h_j} - \frac{\partial}{\partial x_j}\phi = \frac{\partial}{\partial x_j}\,|\tau_{\theta h_j}\phi - \phi|.$$

Für ein festes ϕ ist die Menge $\{\tau_{\theta h_j}\phi - \phi\}_{|h_j| \leq h_o}$ beschränkt, und wegen der Stetigkeit von ϕ haben wir im Sinne der punktweisen Konvergenz

$$\tau_{\theta h_j}\phi(x) - \phi(x) \to 0 \quad \text{für} \quad h_j \to 0\,.$$

Nach Satz 3 (Montelraumeigenschaft von F) haben wir damit

$$\tau_{\theta h_j}\phi - \phi \to 0$$

im Sinne der Topologie von F. Da der Raum E bornologisch ist (siehe Satz 1 und E § 11.4.1. Satz) sind die Abbildungen τ_h stetig, und wir können den Satz von Banach-Steinhaus anwenden (siehe E § 10.3.4. Satz); aus ihm folgt

$$(7) \qquad \tau_{\theta h_j}\phi - \phi \to 0\,,$$

gleichmäßig auf den präkompakten - also insbesondere auf den relativ kompakten Mengen von E; da aber E ein Montelraum ist, gilt (7) gleichmäßig auf allen beschränkten Mengen von E, und wegen der Stetigkeit von $\frac{\partial}{\partial x_j}$ gilt dasselbe auch für (6).

Wenn wir nun den Dualitätssatz E § 18.2 anwenden, erhalten wir (5), wobei wir stillschweigend voraussetzen, daß die dualen Abbildungen zu $\frac{\partial}{\partial x_j}$, τ_{h_j} die Abbildungen $-\frac{\partial}{\partial x_j}$ und τ_{-h_j} sind (siehe später).

Nun erhebt sich die Frage, unter welchen Bedingungen sich E nicht zu einem Banachraum reduziert, d.h. ein echter (F)-Raum ist. Wenn V_3 erfüllt, also E ein $(\overline{S})$-Raum ist, können wir eine einfache Antwort geben.

Satz 5. Ist E nach (1) mit W-Räumen aufgebaut, dann ist E kein Banachraum.

Für einen Raum E, der nach (1) aus A- bzw. S(m)-Räumen aufgebaut ist, sei die Multiplikation mit Polynomen möglich (siehe Sätze § 6. 1-3). E ist genau dann kein Banachraum, wenn ein $\phi_o \in$ E mit $\phi_o \neq 0$ existiert.

Beweis. Wir beweisen zuerst den zweiten Teil. Wegen E § 22. 1.5. Satz müssen wir zeigen, daß es in E eine unendliche Folge linear unabhängiger Elemente gibt. Diese Folge ist durch

$$\phi_o,\ x\phi_o,\ x^2\phi_o,\ \dots, \qquad \text{(W- und S(m)-Räume)},$$

$$\phi_o,\ z\phi_o,\ z^2\phi_o,\ \dots, \qquad \text{(A-Räume)}$$

gegeben, wobei $\phi_o \neq 0$ ist.

Es sei
$$E = \underset{\leftarrow n}{\operatorname{proj}}\ W^n_\infty(M_n,\Omega_n)\ .$$

Wir können immer annehmen, daß $\Omega_1 \neq \emptyset$ (den trivialen Fall ausgeschlossen!). Dann ist

$$\mathcal{D}_{\Omega_1} \subset \underset{\leftarrow n}{\operatorname{proj}}\ W^n_\infty = E$$

und in $\mathcal{D}_{\Omega_1}$ gibt es immer unendliche Folgen linear unabhängiger Elemente, z.B. wie oben

$$\{x^n\phi_o(x)\} \quad \text{mit} \quad 0 \neq \phi_o \in \mathcal{D}_{\Omega_1}\ . \quad //$$

Wir wollen auf den durch (1) definierten Räumen stetige Abbildungen

$$(8) \qquad A : E = \underset{\leftarrow n}{\operatorname{proj}}\ E_n \to \underset{\leftarrow n}{\operatorname{proj}}\ F_n = F\ ,$$

studieren, die durch stetige Abbildungen zwischen den "Ziegeln" $A_n : E_n \to F_n$ induziert werden. Dabei möge das Diagramm

$$(9) \qquad \begin{array}{ccccccc} E_1 & \leftarrow & E_2 & \leftarrow & E_3 & \leftarrow & \dots \\ A_1 \downarrow & & A_2 \downarrow & & A_3 \downarrow & & \\ F_1 & \leftarrow & F_2 & \leftarrow & F_3 & \leftarrow & \dots \end{array}$$

kommutativ sein (siehe E § 6.2. 6).

Es bedeutet keine Beschränkung der Allgemeinheit, wenn statt der Spektren (E_n), (F_n) unendliche Teilspektren auftreten (siehe E § 6.2. 5). Die Kommutativität des Diagramms läßt sich meistens einfach nachprüfen, da es sich bei den horizontalen Pfeilen um Restriktionsabbildungen handelt. Nebenbei bemerkt: Jede stetige Abbildung (8) läßt sich bis auf Reduktionen in ein Schema (9) zerlegen; um dies einzusehen, "reduzieren" wir (8) mit Hilfe der Eigenschaft (5) (Stetigkeit von A !) aus Satz E § 5.1.1 in

$$E = \operatorname*{proj}_{\leftarrow n} E_n \to \operatorname*{proj}_{\leftarrow m} E_{n_m} \xrightarrow{A} \operatorname*{proj}_{\leftarrow m} F_m$$

und $A : \operatorname*{proj}_{\leftarrow m} E_{n_m} \to \operatorname*{proj}_{\leftarrow m} F_m$ läßt sich schon zerlegen in $A_m : E_{n_m} \to F_m$.

Für die einzelnen Räume wollen wir später zeigen, daß Operationen wie Differentiation, Multiplikation mit regulärem f, Translation usw., stetig zweischen den einzelnen "Ziegeln"

$$E_n \to F_n$$

wirken, und daß ein kommutatives Schema von der Art (9) vorliegt. Daraus folgern wir mit Hilfe von E § 6.2.6 die Stetigkeit der oben genannten Operationen für

$$\operatorname*{proj}_{\leftarrow n} E_n \to \operatorname*{proj}_{\leftarrow n} F_n \, .$$

Bis jetzt haben wir für die Grundräume (1) "Ziegel" E_n vom Typus (2) genommen. Um die Äquivalenz der Darstellung (1) mit beliebigen p-Normen zu zeigen, d.h. $\operatorname*{proj}_{\leftarrow n} W_\infty^n \cong \operatorname*{proj}_{\leftarrow n} W_p^n$ (entsprechend für A- und S(m)-Räume) gehen wir folgendermaßen vor: Wir faktorisieren

(10) $$\begin{array}{ccccccc} E_p^1 & \leftarrow & E_p^2 & \leftarrow & E_p^3 & \leftarrow & \dots \\ & \nwarrow \; E_\infty^1 \; \swarrow & & \nwarrow \; E_\infty^2 \; \swarrow & & \nwarrow & \dots \end{array},$$

wobei wir für W_p^n, A_p oder $S_p(m)$ kurz E_p^n (mit $1 \leq p \leq \infty$) geschrieben haben. Dabei haben wir die schräggepfeilten Abbildungen durch Anwendung der Sätze aus § 3 erhalten. Es können natürlich zwei aufeinanderfolgende Schrägpfeile $\nwarrow \swarrow$ mehr als zwei Räume E_p umfassen, d.h. die Sprungweite kann größer als eins sein. Das Diagramm (10) ist trivialerweise kommutativ, da alle Pfeile Restriktionsabbildungen darstellen. Der Faktorisationssatz E § 6.2.8 angewandt auf (10), ergibt die Äquivalenz

$$\operatorname*{proj}_{\leftarrow} E_\infty^n \cong \operatorname*{proj} E_p^n \, .$$

Gilt (10) insbesondere für p = 2, und lassen sich auf die Schrägpfeile die Sätze aus § 5 anwenden, so sind die Spektralabbildungen $\leftarrow$ Hilbert-Schmidtsch, und nach Satz E § 27.1.6 ist der Grundraum E nuklear. Da die Nuklearität eine sehr wichtige Eigenschaft ist (z.B. für Spektralzerlegungsfragen bei partiellen Differentialoperatoren, Darstellung von Kernen usw.) wollen wir uns die Mühe machen, nachzuweisen, daß alle bekannten Grundräume nuklear sind; nach § 27. 3.3. Korollar ergibt sich dann auch die Nuklearität von E_b', d.h. die Nuklearität der Räume verallgemeinerter Funktionen.

Auch die Fouriertransformation $\mathcal{F}$ wollen wir durch ein Faktorisationsschema

(11)
$$\begin{array}{ccccccc} E^1_\infty & \leftarrow & E^2_\infty & \leftarrow & E^3_\infty & \leftarrow & \cdots \\ {\scriptstyle \mathcal{F}^{-1}}\nwarrow & \swarrow{\scriptstyle \mathcal{F}} & {\scriptstyle \mathcal{F}^{-1}}\nwarrow & \swarrow{\scriptstyle \mathcal{F}} & {\scriptstyle \mathcal{F}^{-1}}\nwarrow & & \\ & F^1_\infty & & F^2_\infty & & & \cdots \end{array}$$

behandeln. Dabei sollen die Räume E^n_∞ und F^n_∞ symmetrisch bezüglich $x \rightsquigarrow -x$ sein, d.h. mit $\phi(x)$ soll $\phi(-x)$ zu dem jeweiligen Raum gehören. Wir können dann, um die Stetigkeit der Schrägpfeile zu beweisen, dieselben Sätze aus § 9 anwenden, denn die umgekehrte Fouriertransformation

$$(\mathcal{F}^{-1}\phi)(s) = \frac{1}{(2\pi)^{r/2}} \int_{R^r} e^{-ixs}\phi(s)ds = \frac{1}{(2\pi)^{r/2}} (\mathcal{F}\phi)(-s)$$

unterscheidet sich von der direkten Fouriertransformation nur durch das Minuszeichen und den Faktor $\frac{1}{(2\pi)^{r/2}}$. Setzen wir voraus, daß die Funktionen aus E^n_∞ und F^n_∞ hinreichend regulär sind (z.B. $\in L_1$), wie es bei unseren Grundräumen immer der Fall ist, so können wir den Eindeutigkeitssatz der Fouriertransformation anwenden und erhalten so die Kommutativität des Diagramms (11). Der Faktorisationssatz E § 6.2.8, angewandt auf (11), ergibt nun, daß $\mathcal{F}$ und $\mathcal{F}^{-1}$ isomorphe Abbildungen sind:

$$\mathcal{F} : \operatorname{proj}_{\leftarrow n} E^n_\infty \to \operatorname{proj}_{\leftarrow n} F^n_\infty$$

$$\mathcal{F}^{-1} : \operatorname{proj}_{\leftarrow n} F^n_\infty \to \operatorname{proj}_{\leftarrow n} E^n_\infty \quad .$$

Zum Abschluß noch einiges über die Voraussetzungen V_3. Diese Voraussetzung hat für den Dualraum E'_b von (1) (d.h. für den Raum der Verallgemeinerten Funktionen) wichtige Konsequenzen, die es erlauben, seine Struktur vollständig zu übersehen. So ist nach E § 26.2.4 Satz E'_b ein (LS)-Raum, d.h.

$$E'_b = \operatorname{ind}_{\to n} E'_n$$

mengentheoretisch und lokalkonvex-topologisch, wobei das induktive Spektrum (E'_n) wieder kompakt ist. Da wir die Dualräume E'_n von E_n kennen (siehe die Sätze aus § 10), haben wir Darstellungsformeln für die verallgemeinerten Funktionen aus E'. Nach Satz E § 13.22 ist E'_b vollständig; eine beschränkte Menge ist gleichzeitig relativ kompakt und liegt schon in einem E'_n. Mehr noch: E'_b ist wieder ein Montelraum (z.B. nach Satz E § 22.2.7.). Ebenso ist schwache und starke Folgenkonvergenz gleichwertig und erfolgt schon in einem Banachraum E'_n. (siehe E § 25.2.10), d.h. wir können die Konvergenz von Distributionsfolgen formelmäßig charakterisieren. Der Satz 5 ergibt in Verbindung mit E § 25.2.11. Korollar, daß E'_b nicht mehr metrisierbar ist.

Die Abbildungen von E' definieren wir durch das Dualitätsprinzip: ist $A: E \to F$

eine stetige Abbildung, so existiert die duale Abbildung $A' : E'_b \to E'_b$ und ist stetig. Die Dualitätsätze aus E § 18 erlauben es, die Eigenschaften von A auf A' zu übertragen. Wir wollen auch das Permanenzprinzip nachprüfen, d.h. nachprüfen, ob A' für gewöhnliche Funktionen mit den bekannten klassischen Operationen, wie z.B. Differentiation, Fouriertransormation usw. übereinstimmt.

IV. Projektive W-Räume

§ 12. Der Grundraum $\mathcal{D}_K$ von L. Schwartz [1]

1. Definition und $(\overline{S})$-Eigenschaft. Sei der Einfachheit halber $K(0,d) \subset R^r$ die Kugel mit dem Radius $d > 0$ um den Nullpunkt (alles Gesagte bleibt richtig für jedes Kompaktum K mit $K^o \neq \emptyset$). Wir definieren

$$\mathcal{D}_K = \operatorname*{proj}_{\leftarrow \ell} \mathring{W}^\ell_\infty(1,K(0,d))$$

(die Gewichtsfunktion ist hier $M(x) \equiv 1$). Wie man sich leicht überzeugt, besteht $\mathcal{D}_K$ aus allen unendlich oft differenzierbaren Funktionenen ϕ, die ihren (kompakten) Träger $= \overline{\{x \mid \phi(x) \neq 0\}}$ in K haben.

Das projektive Spektrum für $\mathcal{D}_K$ hat die Form

$$\mathring{W}^0_\infty \leftarrow \mathring{W}^1_\infty \leftarrow \mathring{W}^2_\infty \leftarrow \dots \ .$$

Die Einbettungen $\mathring{W}^\ell_\infty(1,K(0,d)) \leftarrow \mathring{W}^{\ell+1}_\infty(1,K(0,d))$ sind kompakt. Dies folgt sofort aus § 4.1. Satz 1'. Damit ist $\mathcal{D}_K$ ein $\overline{S}$-Raum (siehe E § 22).

2. Operationen auf $\mathcal{D}_K$. Die Multiplikation mit $f \in C^\infty(K)$ ist stetig. Nach § 6.1. Satz ist nämlich die Multiplikation

$$f: \mathring{W}^\ell_\infty(1,K(0,d)) \to \mathring{W}^\ell_\infty(1,K(0,d))$$

(wir setzen in § 6.1. Satz $\Omega_1 = \Omega_2 = K(0,d)$, $M_1 = M_2 = 1$) stetig und das Diagramm:

$$\begin{array}{ccccccc} \mathring{W}^0_\infty & \leftarrow & \mathring{W}^1_\infty & \leftarrow & \mathring{W}^2_\infty & \leftarrow & \dots \\ f\cdot:\downarrow & & \downarrow & & \downarrow & & \\ \mathring{W}^0_\infty & \leftarrow & \mathring{W}^1_\infty & \leftarrow & \mathring{W}^2_\infty & \leftarrow & \dots \end{array}$$

stetig und kommutativ.

Damit haben wir wegen Satz E § 6.2.6. bewiesen, daß die Multiplikation mit $f \in C^\infty(K)$

$$f: \mathcal{D}_K = \operatorname*{proj}_{\leftarrow \ell} \mathring{W}^\ell_\infty \to \operatorname*{proj}_{\leftarrow \ell} \mathring{W}^\ell_\infty = \mathcal{D}_K$$

stetig ist.

<u>Die Differentiation $\frac{\partial}{\partial x_j} : \mathcal{D}_K \to \mathcal{D}_K$, $j = 1,\ldots,r$ ist stetig.</u>

Nach § 7.1. Satz wirkt nämlich die Differentiation stetig

$$\frac{\partial}{\partial x_j} : \overset{\circ}{W}{}^{\ell+1}_\infty(1,K(0,d)) \to \overset{\circ}{W}{}^{\ell}_\infty(1,K(0,d))$$

(wir setzen in § 7.1. Satz $\Omega_1 = \Omega_2 = K(0,d)$, $M_1 = M_2 = 1$), und das folgende Diagramm ist kommutativ und stetig

$$\begin{array}{ccccc} \overset{\circ}{W}{}^{0}_\infty & \leftarrow & W^1_\infty & \leftarrow & \ldots \\ \frac{\partial}{\partial x_j}: \uparrow & & \uparrow & & \\ \overset{\circ}{W}{}^{1}_\infty & \leftarrow & \overset{\circ}{W}{}^{2}_\infty & \leftarrow & \ldots ; \end{array}$$

somit ist nach Satz E § 6.2.6. die Stetigkeit bewiesen.

<u>Die Translation $\tau_h : \mathcal{D}_{K(0,d)} \to \mathcal{D}_{K(0,d+h_o)}$ ist gleichmäßig beschränkt (und stetig) für $|h| \leq h_o$.</u>

Nach § 8.1. Satz ist der Translationsoperator

(1) $$\tau_h : \overset{\circ}{W}{}^{\ell}_\infty(1,K(0,d)) \to \overset{\circ}{W}{}^{\ell}_\infty(1,K(0,d+h_o))$$

gleichmäßig beschränkt für $|h| \leq h_o$ und damit auch stetig. Um dies einzusehen, setzen wir in § 8.1. Satz, $\Omega_1 = K(0,d)$, $\Omega_2 = K(0,d) + h \subset K(0,d+h_o)$, $M_1 = M_2 = 1$. Das Diagramm

$$\begin{array}{ccccc} \overset{\circ}{W}{}^{0}_\infty(K(0,d) & \leftarrow & \overset{\circ}{W}{}^{1}_\infty(K(0,d) & \leftarrow & \ldots \\ \tau_h : \downarrow & & \downarrow & & \\ \overset{\circ}{W}{}^{0}_\infty(K(0,d+h_o) & \leftarrow & \overset{\circ}{W}{}^{1}_\infty(K(0,d+h_o) & \leftarrow & \ldots \end{array}$$

ist stetig und kommutativ, womit wir wieder wegen E § 6.2.6. Satz die Stetigkeit von

(2) $$\tau_h : \mathcal{D}_{K(0,d)} \to \mathcal{D}_{K(0,d+h_o)}$$

bewiesen haben.

Wir wollen noch die gleichmäßige Beschränktheit von (1) für $|h| \leq h_o$ zeigen: Sei $B \subset \mathcal{D}_{K(0,d)}$ beschränkt; dann ist ($\mathcal{D}_K$ ist ein (F)-Raum !) $||B||_{W^\ell_\infty(K(0,d)}$ beschränkt für jedes ℓ und damit folgt aus (1), daß

$$||\tau_h B||_{W^\ell_\infty(K(0,d+h_o))} \qquad \text{für jedes } \ell$$

gleichmäßig beschränkt ist für alle $|h| \leq h_o$. //

Wir erklären $f\cdot$, $\frac{\partial}{\partial x_j}$, τ_h auf $\mathcal{D}'_K$ durch die Dualität, ($T \in \mathcal{D}'_K, \phi \in \mathcal{D}_K$) :

(*) $$\begin{aligned} \langle fT,\phi\rangle &\underset{\text{def}}{=} \langle T,f\phi\rangle , \\ \langle \tfrac{\partial}{\partial x_j} T,\phi\rangle &\underset{\text{def}}{=} -\langle T,\tfrac{\partial}{\partial x_j}\phi\rangle , \\ \langle \tau_h T,\phi\rangle &\underset{\text{def}}{=} \langle T,\tau_{-h}\phi\rangle . \end{aligned}$$

Aus den Sätzen von E § 18 folgt, daß die Multiplikation mit $f \in C^\infty(K)$, die Differentiation $\frac{\partial}{\partial x_j}$ und die Translation τ_h überall auf $\mathcal{D}'_K$ erklärt und stetig sind. Aus den Darstellungsformeln in 4.) für die Funktionale aus $\mathcal{D}'_K$ ersieht man speziell: jede auf K erklärte, lokalintegrierbare Funktion f stellt ein stetiges Funktional aus $\mathcal{D}'_K$ dar, wenn man identifiziert:

$$(**) \qquad f \leftrightarrow \langle f,\phi\rangle = \int_K f\phi\, dx, \qquad \phi \in \mathcal{D}_K;$$

aus den Definitionen (*) ergibt sich durch leichte Rechnungen, daß für Funktionen (**) die klassisch erklärten Operationen $f\cdot$, $\frac{\partial}{\partial x_j}$, τ_h mit den durch die Dualität (*) erklärten Operationen zusammenfallen, womit das Permanenzprinzip gesichert ist.

Wir können auch den Satz 4 aus § 11 anwenden und haben für $T \in \mathcal{D}'_K$

$$\frac{\tau_{h_j} T - T}{h_j} \to \frac{\partial}{\partial x_j} \quad \text{für } h_j \to 0 .$$

3. Äquivalente Darstellungen und die Nuklearität von $\mathcal{D}_K$. Wir nehmen das projektive Spektrum $\{\overset{\circ}{W}{}^{\ell}_p(1,K(0,d))\}$ und faktorisieren es durch $\{\overset{\circ}{W}{}^{\ell}_\infty(1,K(0,d))\}$ (Sprungweite $> \frac{r}{p}$, unser Bild ist für r = 3, p = 2 gemalt):

$$(3) \qquad \begin{array}{ccccccccc} \overset{\circ}{W}{}^{0}_2 & \leftarrow & \overset{\circ}{W}{}^{1}_2 & \leftarrow & \overset{\circ}{W}{}^{2}_2 & \leftarrow & \overset{\circ}{W}{}^{3}_2 & \leftarrow & \overset{\circ}{W}{}^{4}_2 \leftarrow \dots \\ \uparrow & \swarrow & & & \uparrow & \swarrow & & & \uparrow \quad \swarrow \\ \overset{\circ}{W}{}^{0}_\infty & & & & \overset{\circ}{W}{}^{2}_\infty & & & & \overset{\circ}{W}{}^{4}_\infty \end{array} .$$

Nach dem Korollar aus § 3.1. sind die Einbettungen $\swarrow$

$$\overset{\circ}{W}{}^{\ell+[r/p]+1}_p(1,K(0,d)) \to \overset{\circ}{W}{}^{\ell}_\infty(1,K(0,d))$$

stetig und nach § 3.1. Satz 2 sind auch die Einbettungen $\uparrow$:

$$\overset{\circ}{W}{}^{\ell}_\infty(1,K(0,d)) \to \overset{\circ}{W}{}^{\ell}_p(1,K(0,d))$$

stetig ($\Omega_1 = \Omega_2 = K(0,d)$, $M_1 = M_2 = 1$).

Damit ist das Diagramm (3) stetig und kommutativ, und der Faktorisationssatz E § 6.2.8. ergibt die Äquivalenz ($1 \leq p < \infty$)

$$(4) \qquad \mathcal{D}_K = \underset{\leftarrow \ell}{\text{proj}}\ \overset{\circ}{W}{}^{\ell}_\infty(1,K(0,d)) \cong \underset{\leftarrow \ell}{\text{proj}}\ \overset{\circ}{W}{}^{\ell}_p(1,K(0,d)) .$$

Ferner sehen wir, daß aufgrund des Satzes aus § 5.1. die Einbettungen

$$\overset{\circ}{W}{}^{\ell+[r/2]+1}_2(1,K(0,d)) \to \overset{\circ}{W}{}^{\ell}_2(1,K(0,d))$$

Hilbert-Schmitsch sind. (Dazu setze man in diesem Satz $\Omega_1 = \tilde{\Omega} = \Omega_2 = K(0,d) = K(0,d_t)$, $M_1 = \tilde{M} = M_2 = 1$, $\ell_1 = \ell + [\frac{r}{2}] + 1$, $\tilde{\ell} = \ell$, $\ell_2 = \ell$; aus dem Beweis von § 5.1. Satz ersieht man auch, daß er in derselben Formulierung auch für $\overset{\circ}{W}$-Räume gilt.) Somit ist nach E § 27.1.6. Satz der Raum $\underset{\leftarrow \ell}{\text{proj}}\ \overset{\circ}{W}{}^{\ell}_2(1,K)$ und wegen der Äquivalenz (4) auch $\mathcal{D}_K$ nuklear. //

4. Funktionale auf $\mathcal{D}_K$. Wie wir am Anfang festgestellt haben, ist $\mathcal{D}_K$ ein $\overline{S}$-Raum; wir haben also nach E § 26.2.4. Satz und wegen der Äquivalenz (4) für den Dualraum ($1 \leq p \leq \infty$)

$$(\mathcal{D}_K)'_b = \underset{\rightarrow \ell}{\operatorname{ind}} [\overset{\circ}{W}{}^\ell_p(1,K(0,d))]' ,$$

mengentheoretisch und topologisch. Nach § 10.1. Satz erhalten wir damit für die Distributionen

$$f \in \mathcal{D}'_K$$

die Darstellungsformel ($\frac{1}{p} + \frac{1}{p'} = 1$)

$$f = \sum_{|\alpha| \leq \ell} D^\alpha f_\alpha(x), \qquad f_\alpha \in L_{p'}(K(0,d))$$

(ℓ abhängig von f) mit der Norm

$$||f||_\ell = \left[\sum_{|\alpha| \leq \ell} \int_K |f_\alpha(x)|^{p'} dx\right]^{1/p'}$$

Eine Folge f_n konvergiert auf $\mathcal{D}'_K$ dann und nur dann gegen 0, wenn es für alle n ein gemeinsames ℓ mit den Eigenschaften

1. $f_n = \sum_{|\alpha| \leq \ell} D^\alpha f^n_\alpha(x), \; f^n_\alpha \in L_{p'}$,

2. $||f_n||_\ell = \left[\sum_{|\alpha| \leq \ell} \int_K |f^n(x)|^{p'} dx\right]^{1/p'} \to 0$

gibt.

Die Fouriertransformation für $\mathcal{D}_K$ wollen wir in § 22.1. behandeln.

5. Der Raum $\mathcal{D}_\Omega$ von L. Schwartz [1]. Den Grundraum $\mathcal{D}_\Omega$ von L. Schwartz [1], Ω offen $\subset R^r$ definieren wir durch

$$(5) \qquad \mathcal{D}_\Omega = \underset{\rightarrow K \subset \Omega}{\operatorname{ind}} \mathcal{D}_K ,$$

wobei der induktive Limes über alle kompakten Mengen $K \subset \Omega$ genommen wird. Wie man sieht, besteht der Raum $\mathcal{D}_\Omega$ aus allen unendlich, oft differenzierbaren Funktionen, die einen kompakten Träger K in Ω haben. Nimmt man eine Folge $K_n \subset \Omega$ von kompakten Mengen mit $\bigcup_n K_n = \Omega$ und $K_{n+1} \supset K_n$, so hat man

$$(6) \qquad \mathcal{D}_\Omega = \underset{\rightarrow n}{\operatorname{ind}} \mathcal{D}_{K_n} ,$$

und der induktive Limes ist - wie man sich leicht überzeugt - strikt. Somit ist $\mathcal{D}_\Omega$ ein strikter (LF)-Raum (siehe E § 23.5.3.), und für $\mathcal{D}_\Omega$ gelten alle Sätze aus E § 24, speziell ist $\mathcal{D}_\Omega$ separiert, vollständig und regulär. Da die Folge $\mathcal{D}_{K_n}$ echt aufsteigend ist, ist nach E § 24.2.5., Korollar 3, $\mathcal{D}_\Omega$ nicht mehr metrisierbar. Unter $\mathcal{D}$ (ohne Index) wollen wir den Raum $\mathcal{D}_{R^r}$ verstehen.

Nun zu den Operationen auf $\mathcal{D}_\Omega$.

Nach Teil 2. dieses Paragraphen ist die Multiplikation mit $f \in C^\infty(\Omega)$ stetig:

(7) $$f\cdot : \mathcal{D}_K \to \mathcal{D}_K ,$$

und wir können (7) zu einem stetigen, kommutativen Diagramm ergänzen

(8) $$\begin{array}{ccc} \mathcal{D}_K & \to & \mathcal{D}_{K'} \\ f\cdot \downarrow & & \downarrow \\ \mathcal{D}_K & \to & \mathcal{D}_{K'} \end{array} ,$$

wobei $K \subset K'$ und die horizontalen Pfeile $\to$ die Inklusion $\subset$ bedeuten. (8) liefert aber nach E § 23.4.1. Satz die Stetigkeit von

$$f\cdot : \mathcal{D}_\Omega = \underset{\to K}{\mathrm{ind}}\, \mathcal{D}_K \to \underset{\to K}{\mathrm{ind}}\, \mathcal{D}_K = \mathcal{D}_\Omega .$$

Auf demselben Wege ergibt sich die Stetigkeit von $\frac{\partial}{\partial x_j}$, $j = 1,\dots,r$ und τ_h auf $\mathcal{D}_\Omega$. Da $\mathcal{D}_\Omega$ regulär ist, liegt jede beschränkte Menge von $\mathcal{D}_\Omega$ schon in einem $\mathcal{D}_{K_{n_0}}$ und ist dort beschränkt (siehe E § 24.2.2. Satz). Diese Bemerkung ergibt in Verbindung mit der in Teil 2. aufgeführten Eigenschaft der Translation τ_h, daß τ_h für $|h| \leq h_0$ auf $\mathcal{D}_\Omega$ auch gleichmäßig beschränkt ist. Nun ist $\mathcal{D}_\Omega$ bornologisch (siehe E § 23.2.9. Satz) und ein Montelraum (folgt aus Satz E § 23.2.9., der Regularität von $\mathcal{D}_\Omega$ und daraus, daß die $\mathcal{D}_K$ Montelräume sind). Somit sind alle Voraussetzungen für die Anwendung von § 11. Satz 4 erfüllt und wir erhalten für alle Distributionen $T \in \mathcal{D}'_\Omega$

$$\frac{\tau_{h_j} T - T}{h_j} \to \frac{\partial T}{\partial x_j} , \quad \text{für } h_j \to 0$$

in der starken Topologie von $\mathcal{D}'_\Omega$. Hier sind wieder die Operationen $f\cdot$, $\frac{\partial}{\partial x_j}$, τ_h auf $\mathcal{D}'_\Omega$ durch die Dualität (*) erklärt.

Die Nuklearität von $\mathcal{D}_\Omega$ erhalten wir nach Satz E § 27.2.8. aus der Nuklearität der $\mathcal{D}_K$.

Da wegen E § 23.2.4. Satz jedes stetige Funktional $T \in \mathcal{D}'_\Omega$ auch ein stetiges Funktional auf $\mathcal{D}_K$ ist, ergeben die Formeln aus 4. lokale Darstellungsformeln für die Distributionen aus $\mathcal{D}'_\Omega$.

§ 13 Der Grundraum E von L. Schwartz.

1. Definition und ($\overline{S}$)-Eigenschaft von E. Wir nehmen der Einfachheit halber Kugeln $K(0,\ell) \subset R^r$ und definieren

$$E = \underset{\leftarrow \ell}{\mathrm{proj}}\ W_\infty^\ell(1,K(0,\ell))$$

(die Gewichtsfunktion ist hier $M(x) \equiv 1$). E besteht aus allen (ohne Trägerrestriktion) unendlich oft differenzierbaren Funktionen, d.h. $E = C^\infty(R^r)$.
Das projektive Spektrum hat für E die Form

$$W_\infty^1(K(0,1)) \leftarrow W_\infty^2(K(0,2)) \leftarrow W_\infty^3(K(0,3)) \leftarrow \dots$$

Die Einbettungen $W_\infty^\ell(K(0,\ell)) \leftarrow W_\infty^{\ell+1}(K(0,\ell+1))$ sind kompakt. Dies folgt aus § 4.1. Satz 1. Damit ist E ein $\overline{S}$-Raum.

2. Operationen auf E. Die Multiplikation mit $f \in C^\infty(R^r)$, $f\cdot: \phi \to f\cdot\phi$ ist stetig. Nach § 6.1. Satz ist nämlich die Multiplikation

$$f : W_\infty^\ell(K(0,\ell)) \to W_\infty^\ell(K(0,\ell))$$

($\Omega_1 = K(0,\ell)$, $\Omega_2 = K(0,\ell)$, $M_1 = M_2 = 1$) stetig und damit das entsprechende Diagramm - wie in § 12.2. - stetig und kommutativ.

Die Differentiation $\frac{\partial}{\partial x_j}$, $j = 1,\dots,r$ ist stetig. Nach § 7.1. Satz wirkt nämlich die Differentiation

$$\frac{\partial}{\partial x_j} : W_\infty^{\ell+1}(K(0,\ell+1)) \to W_\infty^\ell(K(0,\ell))$$

stetig (wir setzen in § 7.1. Satz, $\Omega_1 = K(0,\ell+1)$, $\Omega_2 = K(0,\ell)$, $M_1 = M_2 = 1$). Wie in § 12.2 ist das entsprechende Diagramm kommutativ und stetig und E § 6.2.6. Satz beendet den Beweis.

Die Translation τ_h ist gleichmäßig beschränkt

$$\tau_h : E \to E \quad \text{für } |h| \leq h_o .$$

Nach § 8.1. Satz ($\Omega_1 = K(0,\ell+1)$, $\Omega_2 = K(0,\ell)$, $M_1 = M_2 = 1$) ist der Translationsoperator

(1) $$\tau_h : W_\infty^{\ell+1}(K(0,\ell+1)) \to W_\infty^\ell(K(0,\ell))$$

gleichmäßig beschränkt für $|h| \leq 1$ (will man h_o größer als 1 haben, so muß man in (1) nur größere Abstände nehmen), und - wie in § 12.2. - erschließt man hieraus die Stetigkeit und Kommutativität des entsprechenden Diagramms, sowie die gleichmäßige Beschränktheit von

$$\tau_h : E \to E \quad \text{für } |h| \leq h_o .$$

Erklären wir die Multiplikation mit $f\cdot$, $\frac{\partial}{\partial x_j}$, τ_h auf E' durch die Dualität ($T \in E'$, $\phi \in E$):

$$<fT,\phi> = <T,f\phi>$$
$$<\frac{\partial}{\partial x_j} T,\phi> = - <T, \frac{\partial}{\partial x_j} \phi>$$
$$<\tau_h T,\phi> = <T,\tau_{-h}\phi> ,$$

so folgt aus E § 18, daß die Operationen $f\cdot$, $\frac{\partial}{\partial x_j}$, τ_h überall auf E' erklärt und stetig sind. Auch § 11. Satz 4 können wir anwenden und haben für $T \in E'$

$$\frac{\tau_{h_j} T-T}{h_j} \to \frac{\partial}{\partial x_j} T \qquad \text{für} \quad h_j \to 0$$

in der starken Topologie von E'.

3. Äquivalente Darstellungen und Nuklearität von E. Wir nehmen das projektive Spektrum $\{W_p^\ell(1,K(0,\ell))\}$ und faktorisieren es durch $\{W_\infty^\ell(1,K(0,\ell))\}$, Sprungweite $> \frac{r}{p}$ (siehe Bild (3) in § 12.3.). Nach § 3.1. Satz 3 sind die Einbettungen ↙

$$W_p^{\ell+[r/p]+1}(1,K(0,\ell+[\tfrac{r}{p}]+1)) \to W_\infty^\ell(1,K(0,\ell))$$

$(\Omega_1 = K(0,\ell+[\frac{r}{p}]+1)$, $\Omega_2 = K(0,\ell) = K(0,d_t)$, $M_1 = M_2 = 1)$ und nach § 3.1. Satz 2 auch die Einbettungen ↑ :

$$W_\infty^\ell(1,K(0,d)) \to W_p^\ell(1,K(0,d))$$

$(\Omega_1 = \Omega_2 = K(0,\ell)$, $M_1 = M_2 = 1)$ stetig.

Damit ergibt sich - wie in § 12.3. - die Äquivalenz

$$(2) \qquad E = \underset{\leftarrow \ell}{\operatorname{proj}}\, W_\infty^\ell(K(I,\ell)) \cong \underset{\leftarrow \ell}{\operatorname{proj}}\, W_p^\ell(K(0,\ell)) \qquad \text{für} \quad 1 \leq p < \infty.$$

Ferner sehen wir, daß nach § 5.1 Satz die Einbettungen

$$W_2^{\ell+[r/2]+1}(1,K(0,\ell+[\tfrac{r}{2}]+1)) \to W_2^\ell(1,K(0,\ell))$$

Hilbert-Schmidtsch sind $(\Omega_1 = K(0,\ell+[\frac{r}{2}]+1)$, $\tilde{\Omega} = \Omega_2 = K(0,\ell) = K(0,d_t)$, $M_1 = \tilde{M} = M_2 = 1$, $\ell_1 = \ell + [\frac{r}{2}] + 1$, $\tilde{\ell} = \ell$, $\ell_2 = \ell)$.

Somit ist nach E § 27.1.6. Satz der Raum $\underset{\leftarrow \ell}{\operatorname{proj}}\, W_2^\ell(K(0,\ell))$ und wegen der Äquivalenz (2) auch E nuklear.

4. Funktionale auf E. Wie wir am Anfang festgestellt haben, ist E ein $\overline{S}$-Raum. Wir haben also nach E § 26.4. Satz wegen der Äquivalenz (2) für den Dualraum die Darstellung

$$E_b' = \underset{\to \ell}{\operatorname{ind}}\, [W_p^\ell(1,K(0,\ell))]' , \qquad 1 \leq p \leq \infty ,$$

mengentheoretisch und topologisch. Nach § 10.1. Satz gilt für die Distributionen

$$f \in E' \qquad (\phi \in E)$$

(*) $$\langle f,\phi\rangle = \sum_{|\alpha|\leq \ell} \int_{K(0,\ell)} D^{\alpha}\phi(x)\cdot f_{\alpha}(x)dx ,$$

$f_\alpha \in L_{p'}(K(0,\ell))$, $\frac{1}{p} + \frac{1}{p'} = 1$ (ℓ abhängig von f) mit der Norm

(3) $$||f||_{\ell} = \Big[\sum_{|\alpha|\leq \ell} \int_{K(0,\ell)} |f_{\alpha}(x)|^{p'}dx\Big]^{1/p'} .$$

Aus (*) sieht man (indem man die Funktion f_α durch 0 auf ganz R^r fortsetzt), daß die Distribution f einen kompakten Träger hat und bei genauerer Betrachtung (Einbettung von E' in $\mathcal{D}'$) ergibt sich

$$f = \sum_{|\alpha|\leq \ell} D^{\alpha}f_{\alpha}(x), \qquad f_{\alpha} \in L_{p'}(K(0,\ell)) ,$$

wobei die f_α einen kompakten Träger haben und o.B.d.A. als stetig vorausgesetzt werden können. Wie in § 12.4. kann man die Konvergenz von Folgen $f_n \to 0$ in E' auf die Konvergenz in der Norm (3) zurückführen.

§ 14. Der Grundraum $\mathcal{S}$ von L. Schwartz.

1. Definition und $(\overline{S})$-Eigenschaft von $\mathcal{S}$. Wir definieren

$$\mathcal{S} = \underset{\leftarrow \ell}{\mathrm{proj}}\, \mathcal{S}^{\ell}_{\infty} ,$$

wobei wir

$$\mathcal{S}^{\ell}_{\infty} = W^{\ell}_{\infty}((1+x^2)^{\frac{1}{2}\ell},R^r)$$

gesetzt haben. Der Raum $\mathcal{S}$ besteht aus allen "schnell fallenden" unendlich oft differenzierbaren Funktionen. Das projektive Spektrum für $\mathcal{S}$ hat die Form

$$\mathcal{S}^{0}_{\infty} \leftarrow \mathcal{S}^{1}_{\infty} \leftarrow \mathcal{S}^{2}_{\infty} \leftarrow \dots .$$

Die Einbettungen $W^{\ell+1}_{\infty}((1+x^2)^{\frac{1}{2}(\ell+1)},R^r) \to W^{\ell}_{\infty}((1+x^2)^{\frac{1}{2}\ell},R^r)$, bzw. $\mathcal{S}^{\ell}_{\infty} \leftarrow \mathcal{S}^{\ell+1}_{\infty}$ sind kompakt. Dies folgt aus § 4.1. Satz 2, indem man dort $\Omega_1 = \Omega_2 = R^r$, $S_n = K(0,n)$, $M_1 = (1+x^2)^{\frac{1}{2}(\ell+1)}$ und $M_2 = (1+x^2)^{\frac{1}{2}\ell}$ setzt. Die Bedingung (K) hat nämlich dann die Form

$$\frac{M_2(x)}{M_1(x)} = \frac{(1+x^2)^{\frac{1}{2}\ell}}{(1+x^2)^{\frac{1}{2}(\ell+1)}} = \frac{1}{(1+x^2)^{\frac{1}{2}}} \to 0 \quad \text{für } |x| \to \infty .$$

$\mathcal{S}$ ist somit ein $(\overline{S})$-Raum (deshalb der Name $(\overline{S})$-Räume!).

2. Operationen auf $\mathcal{S}$. Die Multiplikation mit $f \in C^{\infty}(R^r)$, wobei f die Bedingungen

(1) $$|D^{\beta}f(x)| \leq C_{\ell}(1+x^2)^{\frac{1}{2}k(\ell)}, \qquad |\beta| \leq \ell$$

erfüllt, ist stetig.

Nach § 6.1. Satz ist die Multiplikation

$$f\cdot : \mathcal{S}_{\infty}^{\ell+k(\ell)} \to \mathcal{S}_{\infty}^{\ell}$$

stetig ($\Omega_1 = \Omega_2 = R^r$, $M_1 = (1+x^2)^{\overline{1}(\ell+k(\ell))}$, $M_2 = (1+x^2)^{\overline{1}\ell}$, also die Bedingung

$$\text{(M)} \qquad |D^{\beta}f(x)| \leq C_{\ell}(1+x^2)^{\overline{1}k(\ell)} = C_{\ell}\frac{M_1(x)}{M_2(x)} \quad \text{für} \quad |\beta| \leq \ell \text{).}$$

Damit ist das Diagramm

$$\begin{array}{cccccccc} & \mathcal{S}_{\infty}^{0+k(0)} & \leftarrow & \mathcal{S}_{\infty}^{1+k(1)} & \leftarrow & \mathcal{S}_{\infty}^{2+k(2)} & \leftarrow & \dots \\ f\cdot: & \downarrow & & \downarrow & & \downarrow & & \\ & \mathcal{S}_{\infty}^{0} & \leftarrow & \mathcal{S}_{\infty}^{1} & \leftarrow & \mathcal{S}_{\infty}^{2} & \leftarrow & \dots \end{array}$$

stetig und kommutativ.(In (1) verliert man nichts, wenn man die Folge $k(\ell)$ als nicht fallend voraussetzt.) Nach E § 6.2.6. Satz ist die Multiplikation $f\cdot : \phi \to f\cdot\phi$ stetig:

$$f\cdot : \mathcal{S} \to \mathcal{S}.$$

<u>Die Differentiation $\frac{\partial}{\partial x_j} : \mathcal{S} \to \mathcal{S}$, $j=1,\dots,r$ ist stetig</u>. Nach § 7.1. Satz ist nämlich die Differentiation $\frac{\partial}{\partial x_j} : \mathcal{S}_{\infty}^{\ell+1} \to \mathcal{S}_{\infty}^{\ell}$ stetig ($\Omega_1 = \Omega_2 = R^r$, $M_1 = (1+x^2)^{\overline{1}(\ell+1)} \geq$ $\geq M_2 = (1+x^2)^{\overline{1}\ell}$), woraus - wie in § 12.2. oder § 13.2. - die Stetigkeit von $\frac{\partial}{\partial x_j} : \mathcal{S} \to \mathcal{S}$ folgt.

<u>Die Translation $\tau_h : \mathcal{S} \to \mathcal{S}$ ist gleichmäßig beschränkt für</u> $|h| \leq h_o$.

Wie in § 13.2. genügt es, die gleichmäßige Beschränktheit für $|h| \leq h_o$ von

$$\tau_h : W_{\infty}^{\ell}((1+x^2)^{\overline{1}\ell},R^r) \to W_{\infty}^{\ell}((1+x^2)^{\overline{1}\ell},R^r)$$

zu zeigen, d.h. wir müssen die Bedingung (T) von § 8.1. Satz nachprüfen. Aus der Ungleichung $1 + (x-h)^2 \leq 2(1+h^2)(1+x^2)$ folgt

$$M_2(x-h) = [1+(x-h)^2]^{\overline{1}\ell} \leq 2^r(1+h^2)^{\overline{1}\ell}(1+x^2)^{\overline{1}} \leq C_{h_o}\cdot M_1(x)$$

d.h. (T) ist erfüllt ($\Omega_1 = \Omega_2 = R^r$).

Wie in § 12.2. und §13.2. erklärt man $f\cdot$, $\frac{\partial}{\partial x_j}$, τ_h auf $\mathcal{S}'$ durch die Dualität - siehe § 12.2(*) - und sieht, daß sie stetig sind (E § 18). Außerdem ist für $T \in \mathcal{S}'$

$$\frac{\tau_{h_j}T - T}{h_j} \to \frac{\partial}{\partial x_j}T \quad \text{für} \quad h_j \to 0.$$

<u>3. Äquivalente Darstellungen und Nuklearität von $\mathcal{S}$.</u> Wir nehmen das projektive Spektrum

$$\{W_p^{\ell}((1+x^2)^{\overline{1}\ell},R^r)\} \quad \text{oder} \quad \{\mathring{W}_p^{\ell}((1+x^2)^{\overline{1}\ell},R^r)\}$$

wegen § 2.2. Satz 3 sind beide Spektren gleich, denn

$$W_p^\ell((1+x^2)^{\bar{1}\ell},R^r) = \overset{\circ}{W}{}_p^\ell((1+x^2)^{\bar{1}\ell},R^r) \quad \text{für } 1 \leq p < \infty,$$

und faktorisieren es durch $\{W_\infty^\ell((1+x^2)^{\bar{1}\ell},R^r\}$ (oder $\{\overset{\circ}{W}{}_\infty^\ell((1+x^2)^{\bar{1}\ell},R^r)\}$), ↖ Sprungweite=1, ↙ Sprungweite $> \frac{r}{p}$ (unser Bild: p = 2, r = 3):

$$\begin{array}{ccccccccccc} W_p^0 & \leftarrow & W_p^1 & \leftarrow & W_p^2 & \leftarrow & W_p^3 & \leftarrow & W_p^4 & \leftarrow & \dots \\ & \nwarrow & & \swarrow & & \nwarrow & & \swarrow & & & \\ & & W_\infty^1 & & & & W_\infty^4 & & & & \end{array} \tag{2}$$

Wir prüfen für die ↖ -Einbettungen (Sprungweite = 1) die Bedingung (HS_1) aus § 3.1. Satz 2 nach; sie hat hier die Form, $\Omega_1 = \Omega_2 = R^r$,

$$\int_{R^r} \left(\frac{M_2}{M_1}\right)^p dx = \int_{R^r} \frac{(1+x^2)^{\bar{1}\ell p}}{(1+x^2)^{\bar{1}(\ell+1)p}}\, dx \leq \int_{R^r} \frac{dx}{(1+x_1^2)^p \dots (1+x_r^2)^p} < \infty ;$$

damit sind nach diesem Satz die ↖ -Einbettungen stetig. Nun die Stetigkeit der ↙ -Einbettungen (Sprungweite $> \frac{r}{p}$). Wir benutzen § 3.1. Satz 3, d.h. wir prüfen die Bedingung (HS_2) nach; dazu setzen wir $\Omega_1 = \Omega_2 = R^r$, $d_t = 1$, d.h. wir überdecken R^r durch Einheitskugeln $K(t,1)$, $\ell_1 = \ell + \left[\frac{r}{p}\right] + 1$, $\ell_2 = \ell$ (Sprungweite $> \frac{r}{p}$), und haben für $t \in R^r$, $x \in K(t,1)$:

$$d_t^{-\frac{r}{p}} \cdot \frac{M_2(t)}{M_1(x)} = 1 \cdot \frac{(1+t^2)^{\bar{1}\ell}}{(1+x^2)^{\bar{1}(\ell+\left[\frac{r}{p}\right]+1)}} \leq \frac{(1+t^2)^{\bar{1}\ell}}{(1+(t-1)^2)^{\bar{1}(\ell+\left[\frac{r}{p}\right]+1)}} ;$$

der letzte Ausdruck geht aber für $t \to \infty$ gegen Null und bleibt daher, aufgrund der Stetigkeit, auf ganz R^r beschränkt, etwa $\leq A < \infty$.

(2) ist damit stetig und kommutativ und der Faktorisationssatz E § 6.2.8 ergibt

$$\mathcal{Y} = \underset{\leftarrow\,\ell}{\text{proj}}\, \mathcal{Y}_\infty^\ell \cong \underset{\leftarrow\,\ell}{\text{proj}}\, \mathcal{Y}_p^\ell = \underset{\leftarrow\,\ell}{\text{proj}}\, \overset{\circ}{W}{}_p^\ell((1+x^2)^{\bar{1}\ell},R^r) \quad \text{für } 1 \leq p \leq \infty. \tag{3}$$

Setzen wir in (2) p = 2, so ergibt § 5.1. Satz, daß die zusammengesetzen ↖↙ -Einbettungen Hilbert-Schmidtsch sind; somit ist $\underset{\leftarrow\,\ell}{\text{proj}}\, \mathcal{Y}_2^\ell$ und wegen der Äquivalenz (3) auch $\mathcal{Y}$ nuklear.

<u>4. Funktionale auf $\mathcal{Y}$.</u> Aufgrund der Äquivalenz (3) kann man wieder eine Darstellung der Funktionale auf $\mathcal{Y}'$ angeben, denn wie in § 13.4. haben wir

$$\mathcal{Y}'_b = \underset{\rightarrow\,\ell}{\text{ind}} \left[\overset{\circ}{W}{}_p^\ell((1+x^2)^{\bar{1}\ell},R^r)\right]' , \qquad 1 \leq p \leq \infty .$$

Nach § 10.1. Satz gilt somit für

$$f \in \mathcal{Y}'$$

die Darstellungsformel ($\frac{1}{p'} + \frac{1}{p} = 1$)

$$f = \sum_{|\alpha|\le \ell} D^\alpha[(1+x^2)^{\bar{1}\ell} f_\alpha(x)] \ , \qquad f_\alpha \in L_{p'}(R^r)$$

(ℓ abhängig von f) mit der Norm

$$||f||_\ell = \Big[\sum_{|\alpha|\le\ell} \int_{R^r} |f_\alpha(x)|^{p'} dx|^{1/p'} dx\Big]^{1/p'}$$

und die Konvergenz von Folgen $(f_n) \in \mathcal{Y}'$ ist - wie in § 12.4. und § 13.4. - durch diese Norm charakterisiert.

<u>5. Die Fouriertransformation</u> Eine leichte Rechnung zeigt (in allen Büchern über Schwartzsche Distributionen zu finden), daß $\mathcal{F}\phi = \int_{R^r} \phi(x)e^{ixs}\, dx$ und auch $\mathcal{F}^{-1} = \frac{1}{(2\pi)^r}\int_{R^r} \phi(s)e^{-ixs}\, ds$, stetig zwischen $\mathcal{Y}_\infty^{2\ell}$ und $\mathcal{Y}_\infty^{\ell}$ wirkt

$$\mathcal{F}, \mathcal{F}^{-1} : \mathcal{Y}_\infty^{2\ell} \to \mathcal{Y}_\infty^{\ell} \ , \qquad \ell \ge 1 \ .$$

Damit ist das Diagramm

$$(4) \qquad \begin{array}{ccccccccc} \mathcal{Y}_\infty^1 & \leftarrow & \mathcal{Y}_\infty^2 & \leftarrow & \mathcal{Y}_\infty^4 & \leftarrow & \mathcal{Y}_\infty^8 & \leftarrow & \mathcal{Y}_\infty^{16} \leftarrow \dots \\ & \nwarrow \mathcal{F} & \mathcal{Y}_\infty^2 & \swarrow \mathcal{F}^{-1} & & \nwarrow \mathcal{F} & \mathcal{Y}_\infty^8 & \swarrow \mathcal{F}^{-1} & \dots \end{array}$$

stetig und kommutativ (die Kommutativität ist eine Folgerung des klassischen Eindeutigkeitssatzes $\mathcal{F}\cdot\mathcal{F}^{-1} = I$ der Fouriertransformation). Der Faktorisationssatz E § 6.2.8., angewandt auf (4), ergibt, daß

$$(5) \qquad \mathcal{F} : \mathcal{Y} \to \mathcal{Y}$$

einen Isomorphismus darstellt.

Erklären wir auf $\mathcal{Y}'$ die Fouriertransformation $\mathcal{F}$ durch ($T \in \mathcal{Y}', \phi \in \mathcal{Y}$)

$$(6) \qquad <\mathcal{F}T,\phi> \underset{def}{=} (2\pi)^r < T, \overline{\mathcal{F}^{-1}\bar{\phi}} > \ ,$$

so ergibt das Korollar E § 18.2.6. in Verbindung mit (5), daß auch

$$\mathcal{F} : \mathcal{Y}' \to \mathcal{Y}'$$

einen Isomorphismus darstellt. Wir wollen nun zeigen, daß für Funktionen $T \in L^2$ die durch (6) definierte Transformation mit der üblichen L^2- Fouriertransformation (siehe § 9) übereinstimmt. Aus (6) folgt mit der Parsevalschen Gleichung (siehe § 9) und $L^2 \subset \mathcal{Y}'$ (dies folgt leicht aus der Darstellung von 4.):

$$<\mathcal{F}T,\phi> = (2\pi)^r <T, \overline{\mathcal{F}^{-1}\bar{\phi}}> = (2\pi)^r \int_{R^r} T(x)\cdot\overline{\mathcal{F}^{-1}\overline{\phi(x)}}\, dx = \int_{R^r} (\mathcal{F}_{L^2}T)(x)\phi(x)dx =$$

$$= <\mathcal{F}_{L^2}T,\phi> \quad ,$$

also

$$\mathcal{F}_{(6)}T = \mathcal{F}_{L^2}T \quad \text{für} \quad T \in L^2 .$$

Hierbei haben wir - wie in § 12.2 - Funktionen $f \in L^2$ mit Funktionalen aus $\mathcal{Y}'$ durch

$$f \leftrightarrow \langle f,\phi\rangle = \int_{R^r} f(x)\phi(x)dx$$

identifiziert.

§ 15. Der Grundraum $W_{M,a}$ von Gelfand.

1. Definition und $(\overline{S})$-Eigenschaft. Sei $M(x)$, $M(0) = 0$, $M(\infty) = \infty$ eine wachsende, nach unten konvexe stetige Funktion:

$$\frac{M(x_1+x_2)}{2} \leq \frac{1}{2}(M(x_1) + M(x_2)),$$

für welche die Ungleichung

(1) $$M(x_1) + M(x_2) \leq M(x_1+x_2)$$

gilt, wobei $M(x)$ vorläufig nur für $x \geq 0$ erklärt sei. Um nun $M(x)$ auf ganz R^r zu erklären, setzen wir $M(x)$ auf die anderen Quadranten symmetrisch fort, d.h.

$$M(x_1,\ldots,x_r) = M(\varepsilon_1 x_1,\ldots,\varepsilon_r x_r),$$

wobei $\varepsilon_i = \pm 1$, $i = 1,\ldots,r$ so gewählt wird, daß

$$\varepsilon_i x_i \geq 0 \quad \text{für} \quad i = 1,\ldots,r .$$

Ferner verlangen wir, daß $M(x)$ nicht langsamer als $A\cdot|x|$ wächst, d.h.

(2) $$M(x) \geq A\cdot|x| \quad \text{für große } |x| .$$

Die hier angeführten Eigenschaften von $M(x)$ sind nicht voneinander unabhängig, man kann sie auseinander ableiten, siehe z.B. Krasnoselskij-Rutickij [1].

Wir setzen $M_\ell(x) = e^{M(a(1-\frac{1}{\ell})x)}$, $\ell \geq 1$ und definieren

$$W_{M,a} = \operatorname{proj}_{\to\ell} W_\infty^\ell(M_\ell,R^r) .$$

Das projektive Spektrum hat für $W_{M,a}$ die Form

$$W_\infty^1(M_1) \leftarrow W_\infty^2(M_2) \leftarrow W_\infty^3(M_3) \leftarrow \ldots .$$

Die Einbettungen $W_\infty^{\ell+1}(M_{\ell+1},R^r) \to W_\infty^\ell(M_\ell,R^r)$ sind kompakt. Dies folgt aus § 4.1. Satz 2, indem man dort $\Omega_1 = \Omega_2 = R^r$, $S_n = K(0,n)$, $M_1 = M_{\ell+1}$, $M_2 = M_\ell$ setzt, denn nach (1), (2) ist

$$(3)\qquad \frac{M_\ell(x)}{M_{\ell+1}(x)} = e^{M(a[1-\frac{1}{\ell}]x)-M(a[1-\frac{1}{\ell+1}]x)} \leq e^{-M(\frac{ax}{\ell(\ell+1)})} -$$

$$\leq e^{-\frac{Aa}{\ell(\ell+1)}|x|} \quad \text{für große } |x| ,$$

woraus $\frac{M_\ell(x)}{M_{\ell+1}(x)} \to 0$ für $|x| \to \infty$, d.h. die Bedingung (K) folgt.

Damit ist $W_{M,a}$ ein $(\overline{S})$-Raum.

2. Operationen auf $W_{M,a}$. Die Muktiplikation mit $f \in C^\infty(R^r)$, wobei f die Bedingung

$$|D^\beta f(x)| \leq C_\ell e^{M(\overline{a}_o x)} \text{ mit } \overline{a}_o < a \text{ bzw. } |D^\beta f(x)| \leq C_{\ell,\varepsilon} e^{M(\varepsilon x)},$$

$$|\beta| \leq \ell \text{ (für jedes } \varepsilon > 0)$$

erfüllt, ist stetig:

$$f\cdot: W_{m,a} \to W_{M,a-a_o}, \text{ wobei } \overline{a}_o < a_o < a \text{ ist, bzw. } W_{M,a} \to W_{M,a} .$$

Wir haben wegen (1) und der Wachstumseigenschaft von M

$$M(\overline{a}_o x) \leq M(a_o(1-\tfrac{1}{\ell})x) \leq M(a(1-\tfrac{1}{\ell})x) - M((a-a_o)(1-\tfrac{1}{\ell})x)$$

(ℓ entsprechend groß), d.h. es ist

$$(M)\qquad |D^\beta f(x)| \leq C_\ell e^{M(\overline{a}_o x)} \leq C_\ell \frac{e^{M(a(1-\frac{1}{\ell})x)}}{e^{M((a-a_o)(1-\frac{1}{\ell})x)}} .$$

Nach § 6.1. Satz

$$(\Omega_1 = \Omega_2 = R^r,\ M_1 = e^{M(a(1-\frac{1}{\ell})x)},\ M_2 = e^{M((a-a_o)(1-\frac{1}{\ell})x)})$$

ist damit die Multiplikation

$$f\cdot: W_\infty^\ell(e^{M(a(1-\frac{1}{\ell})x)}) \to W_\infty^\ell(e^{M((a-a_o)(1-\frac{1}{\ell})x)})$$

stetig, woraus (über das entsprechnde Diagramm) die Stetigkeit von

$$f : W_{M,a} \to W_{M,a-a_o}$$

folgt.

Im zweiten Fall setzen wir $\varepsilon = \frac{a}{\ell(\ell+1)}$ und haben wegen (1)

$$M(\frac{ax}{\ell(\ell+1)}) \leq M(a(1-\tfrac{1}{\ell})x) - M(a(1-\tfrac{1}{\ell+1})x) ,$$

d.h. die Bedingung (M) von § 6.1. Satz ist erfüllt:

$$|D^{\beta}f(x)| \leq C_{\ell} e^{M(\frac{ax}{\ell(\ell+1)})} \leq C_{\ell} \frac{e^{M(a(1-\frac{1}{\ell})x)}}{e^{M(a(1-\frac{1}{\ell+1})a)}} ,$$

woraus wieder nach § 6.1. Satz die Stetigkeit der Spektralabbildungen

$$\begin{array}{ccccccc} W_{\infty}^{1} & \leftarrow & W_{\infty}^{2} & \leftarrow & W_{\infty}^{3} & \leftarrow & \dots \\ f\cdot: \downarrow & & \downarrow & & \downarrow & & \\ W_{\infty}^{2} & \leftarrow & W_{\infty}^{3} & \leftarrow & W_{\infty}^{4} & \leftarrow & \dots \end{array}$$

und damit auch die Stetigkeit von

$$f : W_{M,a} \to W_{M,a}$$

folgt.

Die Stetigkeit der Differentiation $\frac{\partial}{\partial x_j} : W_{M,a} \to W_{M,a}$, $j = 1,\dots,r$, folgt wie in § 14.2. aus

$$M_{\ell}(x) = e^{M(a(1-\frac{1}{\ell})x)} \leq e^{M(a(1-\frac{1}{\ell+1})x)} = M_{\ell+1}(x)$$

(die Funktion $M(x)$ wächst!) und § 7.1. Satz.

Zur Untersuchung der Translation setzen wir zusätzlich

(4) $$M(x-h) \leq M((1+\varepsilon)x) + C_{h_o}^{\varepsilon}, \quad \text{für } |h| \leq h_o$$

voraus (für jedes h_o und $\varepsilon > 0$) und erhalten:

Die Translation

(5) $$\tau_h : W_{M,a} \to W_{M,a}$$

ist gleichmäßig beschränkt für $|h| \leq h_o$.

Wie in den vorhergehenden Abschnitten zeigen wir nur die gleichmäßige Beschränktheit von

(6) $$\tau_h : W_{\infty}^{\ell^2}(M_{\ell^2},R^r) \to W_{\infty}^{\ell}(M_{\ell},R^r), \quad \text{für } |h| \leq h_o,$$

die gleichmäßige Beschränktheit von (5) folgt dann wie früher mit Hilfe des Spektrums.

Um die gleichmäßige Beschränktheit von (6) zu beweisen, wenden wir § 8.1. Satz an, d.h. wir prüfen die dortige Bedingung (T) nach. Wir setzen in (4) $\varepsilon = \frac{1}{\ell}$ und erhalten

$$M(a(1-\tfrac{1}{\ell})(x-h)) \leq M(a(1-\tfrac{1}{\ell^2})x) + C_{h_o}^{\ell}$$

und in die Exponentialfunktion eingesetzt:

$$M_{\ell}(x-h) \leq e^{C_{h_o}^{\ell}} M_{\ell^2}(x) ,$$

das ist die Bedingung (T). ($\Omega_1 = \Omega_2 = R^r$).

Somit sind die Operationen $f\cdot$, $\frac{\partial}{\partial x_j}$, τ_h überall auf $W'_{M,a}$ erklärt und stetig, und es gilt auch

$$\frac{\tau_{h_j} T - T}{h_j} \to \frac{\partial T}{\partial x_j} \quad \text{für } h_j \to 0, \quad T \in W'_{M,a} .$$

3. Äquivalente Darstellungen und Nuklearität. Wir nehmen das projektive Spektrum $\{W_p^\ell(M_\ell, R^r)\}$ oder $\{\hat{W}_p^\ell(M_\ell, R^r)\}$ - nach § 2. 2. Satz 3 sind beide gleich, denn

$$\hat{W}_p^\ell(M_\ell, R^r) = W_p^\ell(M_\ell, R^r) \qquad \text{für } 1 \leq p < \infty$$

und faktorisieren es durch $\{W_\infty^\ell(M_\ell)\}$ oder $\{\hat{W}_\infty^\ell(M_\ell)\}$ (↖ Sprungweite = 1, ↙ Sprungweite $> \frac{r}{p}$, siehe § 14.3. Bild (2)). Wie in § 14.3. prüfen wir für die ↖ -Einbettungen (Sprungweite = 1) die Bedingung (HS_1) von § 3.1. Satz 2 nach; wegen (3) hat sie die Form

$$(HS_1) \qquad \int_{R^r} \left(\frac{M_\ell}{M_{\ell+1}}\right)^p dx \leq \int_{R^r} e^{-\frac{Aap}{\ell(\ell+1)}|x|} dx < \infty$$

($\Omega_1 = \Omega_2 = R^r$), womit die ↖ -Einbettungen stetig sind. Für die Stetigkeit der ↙ -Einbettungen (Sprungweite $> \frac{r}{p}$) benutzen wir § 3.1. Satz 3, d.h. wir prüfen die Bedingung (HS_2) nach; dazu setzen wir $\Omega_1 = \Omega_2 = R^r$, $\ell_1 = \ell + \left[\frac{r}{p}\right] + 1$, $\ell_2 = \ell$, überdecken R^r durch Einheitskugeln $K(t,1)$, $d_t = 1$ und haben für $t \in R^r$, $x \in K(t,1)$:

$$(7) \qquad \frac{M_{\ell_2}(t)}{M_{\ell_1}(x)} = e^{M(a(1-\frac{1}{\ell_2})t) - M(a(1-\frac{1}{\ell_1})x)} ;$$

für große t gilt (wegen (1))

$$\frac{M_{\ell_2}(t)}{M_{\ell_1}(x)} \leq \frac{M_{\ell_2}(t)}{M_{\ell_1}(t-1)} \leq e^{M(a(1-\frac{1}{\ell_2})t) - M(a(1-\frac{1}{\ell_1})(t-1)} \leq e^{-M(a\left[\frac{t(\ell_1-\ell_2)}{\ell_1\cdot\ell_2} + 1 - \frac{1}{\ell_1}\right])} .$$

Wegen (2) geht der letzte Ausdruck gegen Null für $t \to \infty$. Hieraus folgt mit der Stetigkeit von (7) die Beschränktheit von (7) für alle $t \in R^r$ und $x \in K(t,1)$. Wie in § 14.3 haben wir damit die Äquivalenzen

$$(8) \qquad W_{M,a} \cong \operatorname*{proj}_{\leftarrow \ell} W_p(M_\ell, R^r) \cong \operatorname*{proj}_{\leftarrow \ell} \hat{W}_p^\ell(M_\ell, R^r)$$

für $1 \leq p \leq \infty$ bewiesen.

Setzen wir $p = 2$, so bedeuten nach § 5.1. Satz die Bedingungen (HS_1) und (HS_2), daß die zusammengesetzen ↖ ↙ -Einbettungen Hilbert-Schmitsch sind, d.h. $\operatorname*{proj}_{\leftarrow \ell} W_2^\ell$ ist nuklear und wegen (8) ist damit auch $W_{M,a}$ nuklear.

4. Funktionale auf $W_{M,a}$. Die Äquivalenz (8) ergibt für den Dualraum die Darstellung

$$[W_{M,a}]'_b = \underset{\to\ \ell}{\mathrm{ind}}\ [\overset{\circ}{W}{}^{\ell}_p(M_\ell,R^r)]' , \qquad 1 \le p \le \infty;$$

damit haben wir nach § 10.1. Satz 3 für

$$f \in W'_{M,a}$$

die Darstellungsformel $(\frac{1}{p'} + \frac{1}{p} = 1)$

$$f = \sum_{|\alpha|\le\ell} D^\alpha[e^{M(a(1-\frac{1}{\ell})x)} f_\alpha(x)] , \quad f_\alpha \in L_{p'} ,$$

(ℓ abhängig von f) mit der Norm

$$||f||_\ell = \left[\sum_{|\alpha|\le\ell} \int_{R^r} |f_\alpha(x)|^{p'} dx\right]^{1/p'} ,$$

und die Konvergenz von Folgen (f_n) in $W'_{M,a}$ ist durch diese Norm charakterisiert.

§ 16. Der Raum E_M (Palamodov [1], Wloka [1])

Wir setzen $M_\ell(x) = e^{-M(\frac{x}{\ell})}$ und definieren

$$E_M \underset{\mathrm{def}}{=} \underset{\leftarrow\ \ell}{\mathrm{proj}}\ W^\ell_\infty(e^{-M(\frac{x}{\ell})},R^r) = \underset{\leftarrow\ \ell}{\mathrm{proj}}\ W^\ell_\infty(M_\ell) .$$

Man erhält die Eigenschaften von E_M wie diejenigen von $W_{M,a}$, wenn man nur in § 15 das Vorzeichen von M ändert und die Ungleichungen umkehrt.

Der Raum E_M ist also nuklear, erlaubt eine stetige Differentiation und Translation, und für die Funktionale $f \in E'_M$ hat man die Darstellung

$$f = \sum_{|\alpha|\le\ell} D^\alpha[e^{-M(\frac{x}{\ell})} f_\alpha(x)] , \quad f_\alpha \in L_{p'} .$$

§ 17. Der Raum $\mathcal{L}$ von L. Schwartz [3] und Sebastião e Silva [1].

1. Definition und ($\overline{S}$)-Eigenschaft von $\mathcal{L}$. Der Raum $\mathcal{L}$ spielt bei der Laplace-Transformation, die wir später behandeln wollen, eine wichtige Rolle. Er ist definiert durch

$$\mathcal{L} = \underset{\leftarrow\ \ell}{\mathrm{proj}}\ \overset{\circ}{W}{}^{\ell}_\infty(e^{\ell t},R^1_+) ,$$

wobei R^1_+ die positive, reelle Achse ist ($t \ge 0$). Wie man sich leicht überzeugt, liegen in $\overset{\circ}{W}{}^{\ell}_\infty(e^{\ell t},R_+)$ Funktionen mit stetigen Ableitungen bis zur Ordnung ℓ, die im Unendlichen wie $e^{-\ell t}$ gegen Null gehen und die mit ihren Ableitungen bis zur Ordnung ℓ im Nullpunkt gleich Null sind.

Die Einbettungen $\overset{\circ}{W}{}^{\ell+1}_{\infty}(e^{(\ell+1)t},R_+) \to \overset{\circ}{W}{}^{\ell}_{\infty}(e^{\ell t},R_+)$ sind kompakt nach § 4.1. Satz 2, (man setze dort $\Omega_1 = \Omega_2 = R^1_+$, $S_n = [0,n]$, $M_1 = e^{(\ell+1)t}$, $M_2 = e^{\ell t}$); die dortige Bedingung (K) hat nämlich hier die Form

$$\frac{M_2}{M_1} = \frac{e^{\ell t}}{e^{(\ell+1)t}} = e^{-t} \to 0 \quad \text{für} \quad t \to \infty .$$

$\mathcal{L}$ ist somit ein $(\overline{S})$-Raum.

2. Operationen auf $\mathcal{L}$. Als Multiplikatoren von $\mathcal{L}$ kommen Funktionen $f \in C^\infty(R^1_+)$ in Frage, die die Bedingungen

$$|D^\ell f(x)| \leq C_\ell \; e^{k(\ell)\cdot t}$$

erfüllen, denn nach § 6.1. Satz ist die Multiplikation

$$W^{\ell+k(\ell)}_\infty \to W^\ell_\infty$$

stetig ($\Omega_1 = \Omega_2 = R^1_+$, $M_1 = e^{(k(\ell)+\ell)t}$, $M_2 = e^{\ell t}$, die Bedingung (M) hat dann die Form

$$|D^\beta f(x)| \leq C_\ell e^{k(\ell)t} = C_\ell \frac{M_1}{M_2}, |\beta| \leq \ell) \;;$$

hieraus folgt die Stetigkeit von

$$f\cdot : \mathcal{L} \to \mathcal{L}$$

wie üblich mit Hilfe der entsprechenden Diagramme.

Auch die Differentiation $\frac{d}{dx} : \mathcal{L} \to \mathcal{L}$ wirkt stetig. Dies folgt sofort aus

$$M_1 = e^{(\ell+1)t} \geq e^{\ell t} = M_2$$

(Bedingung (D) aus § 7.1. Satz).

Um die Translation τ_h sinnvoll behandeln zu können, müßte man Räume $\mathcal{L}_h$ einführen, bei denen der Anfangspunkt 0 um h verschoben ist. Wir wollen dies nicht tun, da es offensichtlich ist, was man zu untersuchen hat.

3. Äquivalente Darstellung und Nuklearität. Wir beweisen die Äquivalenz ($1 \leq p < \infty$)

$$(1) \qquad \mathcal{L} = \underset{\leftarrow\ \ell}{\text{proj}}\ \overset{\circ}{W}{}^{\ell}_{\infty}(e^{\ell t},R^1_+) \cong \underset{\leftarrow\ \ell}{\text{proj}}\ \overset{\circ}{W}{}^{\ell}_{p}(e^{\ell t},R^1_+)$$

und die Nuklearität von $\mathcal{L}$. Dazu zeigen wir die Stetigkeit der Einbettungen

$$(2) \qquad \overset{\circ}{W}{}^{\ell+[\frac{1}{p}]+1}_{p}(e^{(\ell+[\frac{1}{p}]+1)t},R^1_+) \to \overset{\circ}{W}{}^{\ell}_{\infty}(e^{\ell t},R^1_+) \;,$$

$$(3) \qquad \overset{\circ}{W}{}^{\ell+1}_{\infty}(e^{(\ell+1)t},R^1_+) \to \overset{\circ}{W}{}^{\ell}_{p}(e^{\ell t},R^1_+) \;.$$

Um (2) zu zeigen, benutzen wir § 3.1. Satz 3, d.h. wir prüfen die Bedingung (HS_2) nach; hier ist $\Omega_1 = \Omega_2 = R^1_+$, $K(t,d_t) = [t,t+1]$, $d_t = 1$, $\ell_1 = \ell + \left[\frac{1}{p}\right] + 1$, $\ell_2 = \ell$ und für $t \in R_+$, $x \in [t,t+1]$:

$$(HS_2) \qquad d_t^{-\frac{1}{p}} \frac{M_2(t)}{M_1(x)} = 1 \, \frac{e^{\ell t}}{e^{(\ell+\left[\frac{1}{p}\right]+1)x}} \leq \frac{e^{\ell t}}{e^{(\ell+\left[\frac{1}{p}\right]+1)t}} \leq A < \infty .$$

(Die Beschränktheit folgt aus $e^{-(\left[\frac{1}{p}\right]+1)t} \to 0$ für $t \to \infty$ und der Stetigkeit von $\frac{M_2(t)}{M_1(x)}$.)

Um (3) zu zeigen, verwenden wir § 3.1. Satz 2, d.h. wir prüfen wir die Bedingung (HS_1) nach; wir setzen hier $\Omega_1 = \Omega_2 = R_+$ und haben

$$\int_{R^+} \frac{e^{\ell t}}{e^{(\ell+1)t}} \, dt = \int_0^\infty e^{-t} dt = 1 < \infty .$$

Mit § 5.1. Satz ergibt sich für $p = 2$, daß die aus (2) und (3) zusammengesetzte Abbildung

$$\overset{\circ}{W}{}_2^{\ell+2}(e^{(\ell+2)t}, R_+) \to \overset{\circ}{W}{}_2^{\ell}(e^{\ell t}, R_+)$$

Hilbert-Schmidtsch ist.

Zusammengefaßt haben wir: Das Diagramm (hingemalt für $p = 2$)

$$\begin{array}{ccccccccccc} \overset{\circ}{W}{}_2^0 & \leftarrow & \overset{\circ}{W}{}_2^1 & \leftarrow & \overset{\circ}{W}{}_2^2 & \leftarrow & \overset{\circ}{W}{}_2^3 & \leftarrow & \overset{\circ}{W}{}_2^4 & \leftarrow & \cdots \\ & \nwarrow & & \swarrow & & \nwarrow & & \swarrow & & \nwarrow & \\ & & \overset{\circ}{W}{}_\infty^1 & & & & \overset{\circ}{W}{}_\infty^3 & & & & \end{array}$$

ist stetig und kommutativ - hieraus folgt (1) -, und die Abbildungen $(\leftarrow \leftarrow) = (\nwarrow \swarrow)$ sind Hilbert-Schmidtsch; daher ist $\mathcal{L}$ nuklear.

<u>4. Der Dualraum von $\mathcal{L}$.</u> Für den Dualraum von $\mathcal{L}'$ haben wir (wegen (1))

$$\mathcal{L}'_b = \underset{\to \ell}{\operatorname{ind}} \left[\overset{\circ}{W}{}_p^{\ell}(e^{\ell t}, R_+)\right]',$$

woraus nach § 10. 1 Satz für $T \in \mathcal{L}'$ die Darstellungsformel

$$T = \sum_{\alpha \leq \ell} \left(\frac{d}{dt}\right)^{\alpha} \left[e^{\ell t} f^n_\alpha(t)\right], \qquad f_\alpha \in L_{p'}(R^1_+), \qquad \frac{1}{p} + \frac{1}{p'} = 1,$$

folgt (man kann auch o.B.d.A. f_α stetig und beschränkt voraussetzen). Eine Folge T_n strebt in $\mathcal{L}'_b$ dann und nur dann gegen Null, wenn

$$T_n = \sum_{\alpha \leq \ell} \left(\frac{d}{dt}\right)^{\alpha} \left[e^{\ell t} f^n_\alpha(t)\right]$$

gilt, wobei ℓ unabhängig von n ist und f^n_α in der Norm von $L_{p'}(R^1_+)$ gegen Null geht (oder $f^n_\alpha(t) \to 0$ gleichmäßig auf R^1_+).

Wir wollen noch zeigen, daß die Linearkombinationen

(1) $$\sum_{n=1}^{m} a_n \delta(t-b_n), \qquad b_n \geq 0,$$

dicht in $\mathcal{L}_b'$ liegen; dabei ist $\delta(t-b_n)$ das durch $\langle\delta(t-b_n),\phi(t)\rangle = \phi(b_n)$ gegebene Funktional.

Sei $T\in\mathcal{L}_b'$; dann haben wir nach dem obigen Darstellungssatz ($p \neq 1$)

$$T = \sum_{\alpha\leq\ell} \left(\frac{d}{dt}\right)^{\alpha} |e^{\ell t} f_\alpha(t)|, f_\alpha \quad L_{p'}(R_+^1) .$$

Nach § 2. 1. Satz 2 liegt $\mathcal{D}_{R_+^1}$ dicht in $L_{p'}(R_+^1)$, d.h. wir können T durch Elemente der Form

(2) $$\tilde{T} = \sum_{\alpha\leq\ell} \left(\frac{d}{dt}\right)^{\alpha} \left[e^{(\ell-1)t}\, \tilde{f}_\alpha(t)\right] \quad \text{mit} \quad \tilde{f}_\alpha \in L_\infty(R_+^1)$$

approximieren.

Wegen der Beschränktheit von f haben wir

(3) $$\left|\frac{\tilde{f}_\alpha(t)}{e^t}\right| \leq \frac{\varepsilon}{2} \quad \text{und} \quad \left|\frac{\tilde{f}_\alpha(A)(t-A)^{\ell-1}}{e^t}\right| \leq \frac{\varepsilon}{2} \quad \text{für } t \in [A_\varepsilon,\infty)$$

(A_ε kann groß sein);

im Intervall $[0,A_\varepsilon]$ läßt sich aber die Funktion $\tilde{f}_\alpha(t)$ gleichmäßig durch einen Polynomzug $\sum a_n p_\alpha(t-b_n)$ approximieren; wobei die "Züge" $p_\alpha(t-b_n)$ Polynome vom Grade (α-1) sind, d.h. wir haben mit (3) (den letzten Koeffizienten von (1) gleich gleich f(A) gesetzt)

(4) $$\frac{|\tilde{f}(t) - \sum_{n=1}^{m} a_n p_\alpha(t-b_n)|}{e^t} \leq \varepsilon \quad \text{in} \quad [0,\infty) .$$

Da $(\frac{d}{dt})^{\alpha} \sum a_n p_\alpha(t-b_n) = \sum a_n \delta(t-b_n)$ ist, bedeutet (4), daß sich $\tilde{T}$ aus (2) durch Linearkombination

$$\sum a_n \delta(t-b_n)$$

in der Topologie von $[W_1^\ell(e^{\ell t},R_+)]'$ und damit auch in der Topologie von $\mathcal{L}_b'$ approximieren läßt. Da - wie oben gezeigt - die $\tilde{T}$ dicht in $\mathcal{L}_b'$ liegen, ist der Beweis beendet.

V. Projektive A-Räume.

§ 18. Der Raum (H(G) aller holomorphen Funktionen auf G.

1. Definition und ($\overline{S}$)-Eigenschaft von H(G). Es sei $G \subset C^r$ eine offene Menge; wir schöpfen G mit kompakten Mengen S_n aus, mit $S_n \subset S_{n+1}, d(S_n, CS_{n+1}) > 0$ und $\underset{n}{\bigcup} S_n = G$.

Wir definieren

$$H(G) = \underset{\leftarrow n}{\text{proj}}\, A_\infty(1, S_n)$$

Wie man sofort sieht, besteht H(G) aus allen auf G holomorphen Funktionen, und die Topologie von H(G) hängt nicht von der Wahl der Ausschöpfung $\{S_n\}$ ab.

Nach § 4.2. Satz 1 sind die Einbettungen

$$A_\infty(1, S_{n+1}) \to A_\infty(1, S_n)$$

kompakt; der Raum H(G) ist also ein ($F\overline{S}$)-Raum.

2. Operationen auf H(G). Als Multiplikatoren von H(G) kommen alle Funktionen $f \in H(G)$ selbst in Frage, denn nach § 6.2. Satz ist die Abbildung

$$f\cdot : A_\infty(1, S_n) \to A_\infty(1, S_n)$$

stetig. (Wir setzen in §6.2. Satz $G_1 = G_2 = S_n$, $M_1 = M_2 = 1$ und erhalten $|f(z)| \leq C \frac{1}{1}$ für $f \in H(G)$, $z \in S_n$; das ist die Bedingung (M).

Die komplexe Differentiation

$$(1) \qquad \frac{\partial}{\partial z_j} : H(G) \to H(G) \qquad j = 1, \ldots, r$$

ist stetig. Wir zeigen zuerst die Stetigkeit von

$$(2) \qquad \frac{\partial}{\partial z_j} : A_\infty(1, S_{n+1}) \to A_\infty(1, S_n)\,.$$

Dazu benutzen wir § 7.2. Satz, wobei wir $G_1 = S_{n+1}$, $G_2 = S_n$, $D(z, d_z) = D(z, \frac{d}{2})$, $\frac{d}{2} = \frac{d(S_n, CS_{n+1})}{2} > 0$ setzen; die Bedingung (D) hat dann die Form

$$(\tfrac{d}{2})^{-1} \cdot \tfrac{1}{1} = A < \infty \quad \text{für} \quad z \in S_n, w \in \partial_0 D(z, \tfrac{d}{2}) = S_{n+1} \quad .$$

Nach (2) ist das Diagramm

$$\frac{\partial}{\partial z_j} : \begin{array}{ccccccc} A_\infty(1,S_1) & \leftarrow & A_\infty(1,S_2) & \leftarrow & A_\infty(1,S_3) & \leftarrow & \ldots \\ \uparrow & & \uparrow & & \uparrow & & \\ A_\infty(1,S_2) & \leftarrow & A_\infty(1,S_3) & \leftarrow & A_\infty(1,S_4) & \leftarrow & \ldots \end{array}$$

stetig und kommutativ, womit wir nach E § 6.2.6. Satz die Stetigkeit von (1) bewiesen haben.

Für den Translationsoperator τ_h setzen wir $G_1 \supset G_2 - h$ für $|h| \leq h_o$ voraus, und die Ausschöpfungen von G_1 bzw. G_2 wählen wir derart, daß

$$S_n^1 \supset S_n^2 - h \quad \text{für} \quad |h| \leq h_o$$

ist (z.B.: $G_1 = G_2 = C^r$, $S_n^1 = K(0,n+1)$, $S_n^2 = K(0,n)$, $h_o = 1$).

Wir haben dann: <u>Die Translation</u>

(3) $$\tau_h : H(G_1) \to H(G_2)$$

<u>ist gleichmäßig beschränkt für</u> $|h| \leq h_o$. Nach § 8.2. Satz ist nämlich die Translation

$$A_\infty(1,S_n^1) \to A_\infty(1,S_n^2)$$

gleichmäßig beschränkt, und nach einer in den §§ 12 - 17 mehrfach angewandten Schlußweise folgt über das Diagramm

$$\begin{array}{ccccccc} A_\infty(1,S_1^1) & \leftarrow & A_\infty(1,S_2^1) & \leftarrow & A_\infty(1,S_3^1) & \leftarrow & \ldots \\ \downarrow & & \downarrow & & \downarrow & & \\ A_\infty(1,S_1^2) & \leftarrow & A_\infty(1,S_2^2) & \leftarrow & A_\infty(1,S_3^2) & \leftarrow & \ldots \end{array}$$

die gleichmäßige Beschränktheit von (3).

Erklären wir wieder $f\cdot$, $\frac{\partial}{\partial z_j}$, τ_h auf H'(G) durch

$$\langle fT,\phi\rangle = \langle T,f\phi\rangle$$
$$\langle\frac{\partial T}{\partial z_j},\phi\rangle = - \langle T,\frac{\partial\phi}{\partial z_j}\rangle$$
$$\langle\tau_h T,\phi\rangle = \langle T,\tau_{-h}\phi\rangle \quad ,$$

so ergeben die Sätze aus E § 18 die Stetigkeit dieser Operationen auf H'(G).

<u>3. Äquivalente Darstellungen und Nuklearität von H(G).</u> Wenn man in § 3.2. Satz 3 $G_1 = S_{n+1}$, $G_2 = S_n$, $D(z,d_z) = D(z,\frac{d}{2})$, $\frac{d}{2} = d(S_n,DS_{n+1})/2 > 0$, $M_1 = M_2 = 1$ setzt, dann hat man

(HS$_2$) $$(\tfrac{d}{2})^{-2r/p} \frac{M_2(z)}{M_1(w)} = (\tfrac{d}{2})^{-2r/p} = A < \infty \quad \text{für} \quad z \in S_n, D(z,\tfrac{d}{2}) \subset S_{n+1};$$

damit ist die Einbettung

(4) $$A_p(1,S_{n+1}) \to A_\infty(1,S_n)$$

stetig. Setzt man in § 3.2. Satz 2

$$G_1 = S_{n+1}, \quad G_2 = S_n, \quad M_1 = M_2 = 1,$$

so hat man wegen der Kompaktheit von S_n

$$(HS_1) \qquad \int_{S_n} \frac{M_2}{M_1}\, dz = \int_{S_n} 1 dz = \text{mes}\,(S_n) < \infty ,$$

womit wir die Stetigkeit der Einbettung

$$(5) \qquad A_\infty(1,S_{n+1}) \to A_p(1,S_n)$$

bewiesen haben. Außerdem folgt für $p = 2$ aus § 5.2 Satz ((HS_1) und (HS_2) wie oben), daß die Einbettung

$$(6) \qquad A_2(1,S_{n+2}) \to A_2(1,S_n)$$

Hilbert-Schmidtsch ist. (4) und (5) ergeben zusammengesetzt das Diagramm

$$\begin{array}{ccccccccc} A_p(1,S_1) & \leftarrow & A_p(1,S_2) & \leftarrow & A_p(1,S_3) & \leftarrow & A_p(1,S_4) & \leftarrow & \dots \\ & \nwarrow & & \swarrow & & \nwarrow & & \swarrow & \\ & & A_\infty(1,S_2) & & & & A_\infty(1,S_4) & & \end{array} ,$$

womit wir nach E § 6.2.8 Satz, für $1 \leq p \leq \infty$ die Äquivalenz

$$(7) \qquad H(G) \cong \underset{\leftarrow n}{\text{proj}}\, A_p(1,S_n)$$

bewiesen haben: (6) und (7) ergeben die Nuklearität von $H(G)$.

4. Der Dualraum von H(G) und Dichteeigenschaft der Polynome in H(D(0,K)). Für den Dualraum $H(G)$ erhalten wir nach (7)

$$(8) \qquad H_b'(G) = \underset{\rightarrow n}{\text{ind}}\, A_p'(1,S_n)$$

woraus mit Hilfe von § 10.2. Satz für $T \in H'(G)$ die Darstellung $(\frac{1}{p'} + \frac{1}{p} = 1)$

$$\langle \bar{f}, \phi \rangle = \int_{S_n} \phi\, f\, dz, \qquad f \in L_{p'}(S_n)$$

mit der Norm

$$||T||_n = [\int_{S_n} |f|^{p'} dz]^{1/p'}$$

folgt.

Wir werden später, in § 26, andere Darstellungen der Funktionale aus $H'(G)$ kennen lernen.

Bemerkung. (8) ist natürlich nur dann ein injektiver, induktiver Limes, wenn (7) strikt ist, d.h. wenn $A_p(1,S_{n+1})$ dicht in $A_p(1,S_n)$ liegt. Dies ist z.B. für $G = D(0,K)$ (Polykreis) der Fall, da, wie wir sofort beweisen werden, die Polynome dicht in $H(D(0,K))$ liegen.

Sei $K = (K_1,\dots,K_r)$ ein positiver Vektor (d.h. $0 < K_i \leq \infty$, $i = 1,\dots,r$) und $D(0,K)$ der Polykreis um den Nullpunkt mit dem Radius (-vektor) K. Wir wollen zeigen, daß im Raum H(D(0,K)) die Polynome dicht liegen. Sei $f \in H(D(0,K))$, da D(0,K) ein Polykreis ist, konvergiert die Taylorentwicklung von f fast gleichmäßig in D(0,K), d.h. wir haben

$$(*) \qquad \sum_p \frac{1}{p!} f^{(p)}(0) z^p \to f(z)$$

in der Topologie von H(D(0,K)). (*) bedeutet aber, daß die Polynome dicht in H(D(0,K)) liegen.

§ 19. Der Grundraum Z(d)

Für die Fouriertransformation spielt der Raum Z(d) eine ausschlaggebende Rolle. Z(d) ist nämlich das Fourierbild von $\mathcal{D}_K$, und $Z = \operatorname{ind}_{\to d} Z(d)$ das Bild von $\mathcal{D} = \mathcal{D}_{R^r}$.

1. Definition und $(\bar{S})$-Eigenschaft von Z(d). Wir definieren

$$Z(d) = \operatorname{proj}_{\leftarrow \ell} Z_\infty^\ell(e^{-d|\tau|}) \ ,$$

wobei

$$Z_\infty^\ell(e^{-d|\tau|}) = A_\infty(1+|z|^\ell e^{-d|\tau|}, C^r)$$

und $z = \sigma + i\tau$ gesetzt wurde.

Die Einbettungen

$$Z_\infty^{\ell+1}(e^{-d|\tau|}) \to Z_\infty^\ell(e^{-d|\tau|})$$

sind kompakt. Die Bedingung (K) von § 4.2. Satz 2 lautet nämlich in unserem Fall

$$(K) \qquad \frac{(1+|z|)^\ell e^{-d|\tau|}}{(1+|z|)^{\ell+1} e^{-d|\tau|}} = \frac{1}{1+|z|} \to 0 \quad \text{für} \quad |z| \to \infty$$

(hier wurde $G_1 = G_2 = C^r$, $S_n = K(0,n)$ gesetzt).

2. Operationen auf Z(d). Die Multiplikation mit ganzen analytischen Funktionen f, die für ein gewisses k und C die Bedingungen

$$|f(z)| \leq C(1+|z|)^h e^{a|\tau|}$$

erfüllen, ist stetig.

$$(1) \qquad f\cdot : Z(d) \to Z(d+a) \ .$$

Nach § 6.2. Satz ist nämlich die Multiplikation

$$(2) \qquad f\cdot : Z_\infty^{\ell+h}(e^{-(d)|\tau|}) \to Z\ (e^{-(d+a)|\tau|})$$

stetig (die Bedingung (M) hat die Form

$$(M) \qquad |f(z)| \leq C(1+|z|)^h e^{a|\tau|} = C \frac{(1+|z|)^{h+\ell} e^{-d|\tau|}}{(1+|z|)^{\ell} e^{-(d+a)|\tau|}} = C \frac{M_1}{M_2} \qquad),$$

und wir erhalten (1) aus (2) über das Diagramm

$$\begin{array}{ccccccc} & Z_\infty^{0+h}(d) & \leftarrow & Z_\infty^{1+h}(d) & \leftarrow & Z_\infty^{2+h}(d) & \leftarrow \dots \\ f: & \downarrow & & \downarrow & & \downarrow & \\ & Z_\infty^{0}(d+a) & \leftarrow & Z_\infty^{1}(d+a) & \leftarrow & Z_\infty^{2}(d+a) & \leftarrow \dots \end{array} .$$

<u>Die komplexe Differentiation</u>

$$(3) \qquad \frac{\partial}{\partial z_j} : Z(d) \to Z(d) , \qquad j = 1,\dots,r$$

<u>ist stetig.</u> Wir zeigen zunächst die Stetigkeit von

$$\frac{\partial}{\partial z_j} : Z_\infty^{\ell+1} \to Z_\infty^{\ell} ;$$

sie ergibt sich aus § 7.2. Satz, indem wir dort $G_1 = G_2 = C^r$, $D(z,d_z) = D(z,1)$ setzen, und die Bedingung (D) nachprüfen für $z \in C^r, w \in \partial_o D(z,1)$

$$(4) \qquad \frac{1^{-1}(1+|z|)^{\ell} e^{-d|\tau|}}{(1+|w|)^{\ell+1} e^{-d}} \leq \frac{(1+|z|)^{\ell}}{(|z|)^{\ell+1}} e^{d(|\tau|+1)-d|\tau|},$$

wobei $w = u + iv$ ist und die Abschätzung für große $|z|$ gilt. Für große $|z|$ geht letzterer Ausdruck gegen Null, was zusammen mit der Stetigkeit des ersten Ausdrucks in (4) dessen Beschränktheit ergibt. Damit können wir das stetige und kommutative Diagramm zusammensetzen

$$\begin{array}{ccccccc} & Z_\infty^{1} & \leftarrow & Z_\infty^{2} & \leftarrow & Z_\infty^{3} & \leftarrow \dots \\ \frac{\partial}{\partial z_j}: & \downarrow & & \downarrow & & \downarrow & \\ & Z_\infty^{0} & \leftarrow & Z_\infty^{1} & \leftarrow & Z_\infty^{2} & \leftarrow \dots , \end{array}$$

welches über E § 6.2.6. die Stetigkeit von (3) ergibt.

<u>Die Translation</u>

$$(5) \qquad \tau_h : Z(d) \to Z(d)$$

<u>ist gleichmäßig beschränkt für</u> $|h| \leq h_o$.

Wir haben

$$(1+|z-h|)^{\ell} e^{-d|\tau - \mathrm{Im}\, h|} \leq 2^r (1+|h|)^{\ell} (1+|z|)^{\ell} e^{-d|\tau|+d|\mathrm{Im}\, h|} \leq$$

$$(T) \qquad \leq 2^r (1+h_o)^{\ell} e^{dh_o} (1+|z|)^{\ell} e^{-d|\tau|} ,$$

woraus nach § 8.2. Satz die gleichmäßige Beschränktheit für $|h| \leq h_o$ von

$$\tau_h : Z_\infty^{\ell}(e^{-d|\tau|}) \to Z_\infty^{\ell}(e^{-d|\tau|}) ,$$

und damit - über das entsprechende Diagramm - die gleichmäßige Beschränktheit für $|h| \leq h_o$ von (5) folgt. Durch Dualbildung - wie in § 18.2 - erhalten wir die entsprechende Operationen auf Z'(d).

3. Äquivalente Darstellungen und Nuklearität von Z(d). Nun wollen wir äquivalente Darstellungen von Z(d) angeben und die Nuklearität von Z(d) beweisen. Setzt man in § 3.2. Satz 3, $G_1 = G_2 = C^r$, $D(z,d_z) = D(z,1)$, $(d_z = 1)$, dann hat die dortige Bedingung (HS_2) die Form (4), woraus folgt, daß die Einbettung

$$Z_p^{\ell+1}(e^{-d|\tau|}) \to Z_\infty^{\ell}(e^{-d|\tau|}) \tag{6}$$

stetig ist. Auch die Einbettungen

$$Z_\infty^{\ell+r+1}(e^{-d|\tau|}) \to Z_p^{\ell}(e^{-d|\tau|}) \tag{7}$$

sind stetig, denn die Bedingung (HS_1) aus § 3.2. Satz 2 hat hier die Form

$$\int_{C^r} \frac{(1+|z|)^{\ell} e^{-d|\tau|}}{(1+|z|)^{\ell+r+1} e^{-d|\tau|}} \, dz = \int \frac{dz}{(1+|z|)^{r+1}} < \infty \quad .$$

Außerdem ergibt § 5.2. Satz für p = 2 ((HS_1) und (HS_2) wie eben), daß die Einbettung

$$Z_2^{\ell+r+2}(e^{-d|\tau|}) \to Z_2(e^{-d|\tau|}) \tag{8}$$

Hilbert-Schmidtsch ist. (6) und (7) ergeben zusammengesetzt ein ähnliches Diagramm wie in § 18.3. (Sprungweite 1 und r + 1), woraus für $1 \leq p \leq \infty$ die Äquivalenzen

$$Z(d) \cong \operatorname{proj}_{\leftarrow \ell} Z_p^{\ell}(e^{-d|\tau|})$$

folgen, während (8) die Nuklearität von Z(d) ergibt. Die Funktionale $f \in Z'(d)$ können wir ähnlich wie in § 18.4. darstellen und auch die Folgenkonvergenz charakterisieren.

Wir definieren noch

$$Z = \operatorname{ind}_{\to d} Z(d) \; ; \tag{9}$$

man kann entweder direkt oder über die Fouriertransformation zeigen (siehe § 22.1), daß der induktive Limes in (9) abzählbar und strikt ist.

§ 20. Die Grundräume $W^{N,b}$ und $W^{N,b}_{M,a}$ von Gelfand [2].

1. Definitionen und kompakte Einbettungen. Es seien N und M konvexe Funktionen wie in § 15. Wir definieren

$$\begin{aligned} W^{N,b} &= \operatorname{proj}_{\leftarrow \ell} Z_\infty^{\ell}(e^{-N(b(1+\frac{1}{\ell})y)}) \\ &= \operatorname{proj}_{\leftarrow \ell} A_\infty((1+|z|)^{\ell} e^{-N(b(1+\frac{1}{\ell})y)}, C^r) = \operatorname{proj}_{\leftarrow \ell} A_\infty(M_\ell), \end{aligned}$$

wobei z = x + iy gesetzt wurde und

$$W^{N,b}_{M,a} = \operatorname{proj}_{\leftarrow \ell} A_\infty(e^{M(a(1-\frac{1}{\ell})x)-N(b(1+\frac{1}{\ell})y)}) \; .$$

Wir zeigen, daß die Einbettungen

$$Z_\infty^{\ell+1} \to Z_\infty^{\ell} \quad \text{und} \quad A_\infty(M_{\ell+1}) \to A_\infty(M_\ell)$$

kompakt sind. Dazu prüfen wir die Bedingung (K) aus § 4.2. Satz 2 nach; wir setzen $G_1 = G_2 = C^r$, $S_n = K(0,n)$ und haben, nach § 15. (1) und (2)

$$(1) \qquad \frac{(1+|z|)^\ell e^{-N(b(1+\frac{1}{\ell})y)}}{(1+|z|)^{\ell+1} e^{-N(b(1+\frac{1}{\ell+1})y)}} \leq \frac{e^{-N(\frac{by}{\ell(\ell+1)})}}{1+|z|} \to 0 \quad \text{für } |z| \to \infty,$$

sowie

$$(2) \qquad \frac{e^{M(a(1-\frac{1}{\ell})x)-N(b(1+\frac{1}{\ell})y)}}{e^{M(a(1-\frac{1}{\ell+1})x)-N(b(1+\frac{1}{\ell+1})y)}} \leq e^{-M(\frac{ax}{\ell(\ell+1)})-N(\frac{by}{\ell(\ell+1)})} \to 0 \text{ für } |z| \to \infty$$

damit sind die Räume $W^{N,b}$ und $W_{M,a}^{N,b}$ $(F\overline{S})$-Räume.

<u>2. Operationen.</u> Die Multiplikation mit ganzen analytischen Funktionen.

1.) <u>Sei</u> $f \in \mathfrak{A}$ <u>und</u> $|f(z)| \leq C(1+|z|)^h e^{N(b_0 y)}$, <u>dann ist</u>

$$(3) \qquad f\cdot : W^{N,b} \to W^{N,b+b_0}$$

<u>stetig.</u>

2.) <u>Sei</u> $f \in \mathfrak{A}$ <u>und</u> $|f(z)| \leq C\, e^{M(a_0 x)+N(b_0 y)}$, $a_0 < a$, <u>dann ist</u>

$$(4) \qquad f\cdot : W_{M,a}^{N,b} \to W_{M,a-a_0}^{N,b+b_0}$$

<u>stetig.</u>

Zum Beweis von (3) zeigen wir, daß

$$f\cdot : Z_\infty^{\ell+h}(e^{-N(b(1+\frac{1}{h+\ell})y)}) \to Z_\infty^{\ell}(e^{-N((b+b_0)(1+\frac{1}{\ell})y)})$$

stetig ist. Die letzte Aussage folgt jedoch aus § 6.2. Satz wegen (Bedingung (M)!)

$$(M) \qquad |f(z)| \leq C(1+|z|)^h e^{N(b_0 y)} \leq \frac{C(1+|z|)^{h+\ell}}{(1+|z|)^\ell} \frac{e^{-N(b(1+\frac{1}{h+\ell})y)}}{e^{-N((b+b_0)(1+\frac{1}{\ell})y)}}.$$

Ebenso folgt aus Bedingung (M) von Satz § 6.2.

$$(M) \qquad |f(z)| \leq C\, e^{M(a_0 x)+N(b_0 y)} \leq C \frac{e^{M(a(1-\frac{1}{\ell})x)-N(b(1+\frac{1}{\ell})y)}}{e^{M((a-a_0)(1+\frac{1}{\ell})x)-N((b+b_0)(1+\frac{1}{\ell})y)}}$$

die Stetigkeit von

$$f\cdot : A_\infty(e^{M(a\ldots)-N(b\ldots)}) \to A_\infty(e^{M(a-a_0\ldots)-N(b+b_0\ldots)}),$$

woraus - über das entsprechende Diagramm - die Stetigkeit von (4) folgt.

Ebenso kann man beweisen, daß, falls $f \in \mathfrak{A}$ für jedes $\varepsilon > 0$ einer Abschätzung

$$|f(z)| \leq C_\varepsilon (1+|z|)^h e^{N(\varepsilon y)} \quad \text{bzw.} \quad |f(z)| \leq C_\varepsilon e^{M(\varepsilon x) + N(\varepsilon y)}$$

genügt, die Multiplikation

$$f\cdot : W^{N,b} \to W^{N,b}, \quad \text{bzw.} \quad f\cdot : W^{N,b}_{M,a} \to W^{N,b}_{M,a},$$

stetig ist.

Um die Stetigkeit der Differentiation

$$(*) \quad \frac{\partial}{\partial z_j} : W^{N,b} \to W^{N,b}, \quad \text{bzw.} \quad W^{N,b}_{M,a} \to W^{N,b}_{M,a},$$

zu beweisen, müssen wir die Beschränktheit von

$$(5) \qquad \frac{(1+|z|)^{\ell} e^{-N(b(1+\frac{1}{\ell})y)}}{(1+|w|)^{\ell+1} e^{-N(b(1+\frac{1}{\ell+1}))}} \quad \text{für } z = x+iy \in C^r \text{ und } w = u+i \in D(z,1),$$

bzw.

$$(6) \qquad \frac{e^{M(a(1-\frac{1}{\ell})x)-N(b(1+\frac{1}{\ell})y)}}{e^{M(a(1-\frac{1}{\ell+1})u)-N(b(1+\frac{1}{\ell+1}))}} \quad \text{für dieselben } z \text{ und } w$$

zeigen. Wir können aber für große $|z|$ (5) durch

$$\leq \frac{(1+|z|)}{|z|^{\ell+1}} e^{-N(\frac{by}{\ell(\ell+1)}+1+\frac{1}{\ell})} \to 0 \quad \text{für} \quad |z| \to \infty,$$

und (6) durch

$$\leq e^{-M(\frac{ax}{\ell(\ell+1)}+1-\frac{1}{\ell})-N(\frac{by}{\ell(\ell+1)}+1+\frac{1}{\ell})} \to 0 \quad \text{für } |z| \to \infty,$$

abschätzen.

Hieraus folgt zusammen mit der Stetigkeit von (5) bzw. (6) die Beschränkheit von (5) und (6). Damit haben wir die Bedingung (D) von § 7.2. Satz nachgeprüft und erhalten die Stetigkeit von

$$\frac{\partial}{\partial z_j} : Z_\infty^{\ell+1}(e^{\cdots}) \to Z_\infty^{\ell}(e^{\cdots}) \quad \text{bzw.} \quad A_\infty(M_{\ell+1}) \to A_\infty(M_\ell),$$

was über die entsprechenden Diagramme die Stetigkeit von (*) ergibt.

Die Translation

$$\tau_h : W^{N,b} \to W^{N,b}, \quad \text{bzw.} \quad W^{N,b}_{M,a} \to W^{N,b}_{M,a}$$

ist gleichmäßig beschränkt für $|h| \leq h_o$.

Zum Beweis benutzt man die Bedingung § 15. 2. (4) und geht so vor wie in § 15.2.

3. Äquivalente Darstellungen und Nuklearität. Um äquivalente Darstellungen von $W^{N,b}$ bzw. $W^{N,b}_{M,a}$ zu gewinnen und die Nuklearität dieser Räume aufzuzeigen, benutzt man die Sätze 2. und 3. aus § 3.2. Die Bedingung (HS_2) aus § 3.2. Satz 3 hat für $W^{N,b}$ die Form (5), und somit ist die Einbettung

$$Z_p^{\ell+1}(e^{\cdots}) \to Z_\infty^{\ell}(e^{\cdots})$$

stetig. Ebenso ist (6) die Bedingung (HS_2) für $W^{N,b}_{M,a}$, woraus die Stetigkeit von

$$A_p(M_{\ell+1}) \to A_\infty(M_\ell)$$

folgt. Ersetzt man in (1) im Nenner ℓ durch $\ell+r$, so kann man abschätzen (siehe § 15.3)

$$\int_{C^r} \left(\frac{M_2}{M_1}\right)^p dz \le \int_{C^r} \frac{e^{-p\cdot N(\frac{bry}{\ell(\ell+r+1)})}}{(1+|z|)^{p(r+1)}} dz < \infty ,$$

d.h. die Bedingung (HS_1) von § 3.2. Satz 2 ist erfüllt und

$$Z_\infty^{\ell+r+1}(e^{\cdots}) \to Z_p^{\ell}(e^{\cdots})$$

ist stetig. Ebenso folgt aus (2)

$$\int_{C^r} \left(\frac{M_2}{M_1}\right)^p dz \le \int_{C^r} e^{-M(\frac{ax}{\ell(\ell+1)})-N(\frac{by}{\ell(\ell+1)})} dz \le \int_{C^r} e^{-\frac{Aa\ x}{(\ell+1)}-\frac{Bb\ y}{\ell(\ell+1)}} dz < \infty,$$

d.h. die Bedingung (HS_1) von § 3.2. Satz 2 ist wieder erfüllt, und

$$A_\infty(M_{\ell+1}) \to A_p(M_\ell)$$

ist stetig. Wie in § 19.3. ergibt dies die Äquivalenzen

$$(7)\qquad \begin{aligned} W^{N,b} &\doteq \operatorname*{proj}_{\leftarrow \ell} Z_p^{\ell}(e^{-N(b(1+\frac{1}{\ell})y)}), \\ W^{N,b}_{M,a} &\doteq \operatorname*{proj}_{\leftarrow \ell} A_p(e^{M(a(1-\frac{1}{\ell})x)-N(b(1+\frac{1}{\ell})y)}), \quad \text{für} \quad 1 \le p \le \infty \end{aligned}$$

und die Nuklearität von $W^{N,b}$ und $W^{N,b}_{M,a}$.

4. Funktionale. Wegen (7) und § 10.2. Satz kann man die Funktionale $f \in (W^{N,b})'$ bzw. $f \in (W^{N,b}_{M,a})'$ durch

$$\langle f,\phi\rangle = \int_{C^r} \phi(z)f(z)(1+|z|)^{\ell} e^{-N(b(1+\frac{1}{\ell})y)} dz, \qquad f \in L_{p'}(C^r),$$

bzw.

$$\langle f,\phi\rangle = \int_{C^r} \phi(z)f(z)e^{M(a(1-\frac{1}{\ell})x)-N(b(1+\frac{1}{\ell})y)} dz,$$

$$\text{mit } ||f||_\ell = \left[\int_{C^r} |f(z)|^{p'} dz\right]^{1/p'}$$

darstellen. Andere Darstellungen der Funktionale sind in Wloka [1] angegeben.

§ 21. Der Raum E_M^N, Wloka [1], Palamadov [1]

Den Raum

$$E_M^N = \underset{\leftarrow \ell}{\mathrm{proj}}\, A_\infty(e^{-M(\frac{x}{\ell})-N(\frac{y}{\ell})})$$

behandelt man wie $W_{M,a}^{N,b}$ in § 20.; man hat nur das Vorzeichen überall bei M umzukehren.

§ 22. Die Fouriertransformation

1. Die Fouriertransformation von $\mathcal{D} \leftrightarrow Z$. Wir zeigen, daß die Fouriertransformation $\phi = \int \phi(x)e^{ixs}dx$ ein Isomorphismus

(1)
$$\mathcal{F}: \mathcal{D}_{K(0,d)} \to Z(d)$$

ist.

Wir setzen in § 9.1. Satz 1, $\Omega = K(0,d)$, $M_1 \equiv 1$, $I \equiv 1$, $M_2 = e^{-d|\tau|}$; dann lautet die Bedingung (F)

(F)
$$e^{-x\tau}e^{-d|\tau|} \leq e^{o}\cdot 1, \quad \int_{K(0,d)} dx < \infty$$

oder

$$-x\cdot\tau \leq |x|\cdot|\tau| \leq d|\tau|,$$

da $x \in K(0,d)$.

Deshalb bildet die Fouriertransformation stetig ab

(2)
$$\mathcal{F}: \overset{o}{W}{}_\infty^\ell(1,K(0,d)) \to Z_\infty^\ell(e^{-d|\tau|})$$

und da $\overset{o}{W}{}_\infty^\ell$, und Z_∞^ℓ mit jeder Funktion $\phi(x)$ auch $\phi(-x)$ enthält, haben wir auch

(2)
$$\mathcal{F}^{-1}: \overset{o}{W}{}_\infty^\ell(1,K(0,d)) \to Z_\infty^\ell(e^{-d|\tau|}).$$

Nun nehmen wir § 9.1. Satz 3 und setzen dort $M_2 \equiv 1$, $M_1 = e^{-d|\tau|}$, $\Omega = K(0,d)$; dann hat die Bedingung (F)' die Form

$$e^{-\tau_o x}\cdot 1 \leq e^{c_{\tau_o}}e^{-d|\tau|}, \quad x \in K(0,d)$$

oder

(F)'
$$d|\tau_o| - \tau_o x \leq c_{\tau_o}, \qquad x \in K(0,d).$$

Da aber x in einem kompakten Bereich K(0,d) variiert, hat die stetige Funktion $d|\tau_o| - \tau_o x$ ein endliches Maximum $= c_{\tau_o}$, und die Fouriertransformation wirkt stetig

$$\mathcal{F}: Z_\infty^{\ell+r+1}(e^{-d|\tau|}) \to W_\infty^\ell(1,K(0,d))$$

(ebenso $\mathcal{F}^{-1}$). Wir zeigen noch, daß das Bild von $Z_\infty^{\ell+r+1}$ schon in $\overset{o}{W}{}_\infty^\ell(1,K(0,d))$

liegt. Sieht man sich nämlich den Beweis von § 9.1. Satz 3 an, so findet man
für $\phi \in Z^{\ell+r+1}$ die Abschätzung

(3)
$$|D^k \mathcal{F} \phi| \leq B_k |s^k| e^{d|\tau|+\tau x} \; ;$$

nimmt man in (3) für τ einen Vektor der Länge t und in umgekehrter Richtung zu x,
so erhält man aus (3)

$$|D^k \mathcal{F} \phi| \leq B_k |s^k| e^{t(d-|x|)} ,$$

was für $|x| > d$ und $t \to \infty$, $D^k \mathcal{F} \phi = 0$ ergibt. Damit ist

$$\mathcal{F} (\mathcal{F}^{-1}) : Z_\infty^{\ell+r+1}(e^{-d|\tau|}) \to \overset{o}{W}{}_\infty^\ell(1,K(0,d))$$

stetig. Wir können also das Spektrum $\{W_\infty^\ell(K(0,d))\}_{\ell \in \mathbb{N}}$ durch $\{Z_\infty^\ell(e^{-d|\tau|})\}_{\ell \in \mathbb{N}}$
(Bild: r = 2) faktorisieren

$$\overset{o}{W}{}_\infty^0 \leftarrow \overset{o}{W}{}_\infty^1 \leftarrow \overset{o}{W}{}_\infty^2 \leftarrow \overset{o}{W}{}_\infty^3 \leftarrow \overset{o}{W}{}_\infty^4 \leftarrow \overset{o}{W}{}_\infty^5 \leftarrow \overset{o}{W}{}_\infty^6 \leftarrow \ldots$$

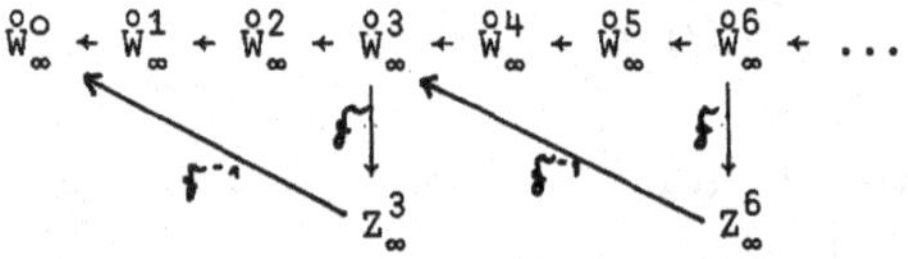

(das Diagramm ist kommutativ wegen $\mathcal{F} \cdot \mathcal{F}^{-1} = \mathcal{F}^{-1} \mathcal{F} = I$ —dem Einheitssatz der
Fouriertransformation). Der Faktorisationssatz aus E § 6.2.8 ergibt somit die
Isomorphismen

(4)
$$\mathcal{F} : \mathcal{W}_K \to Z(d) , \text{ oder } \quad \mathcal{F}^{-1} : \mathcal{W}_K \to Z(d) ,$$

$$\mathcal{F}^{-1} : Z(d) \to \mathcal{W}_K , \text{ oder } \quad \mathcal{F} \; : Z(d) \to {}_K .$$

Setzt man dual

$$\langle \mathcal{F} T, \phi \rangle = (2\pi)^r \langle T, \overline{\mathcal{F}^{-1} \overline{\phi}} \rangle ,$$

so hat man nach E § 18.2.6. Korollar

$$\mathcal{F} : \mathcal{W}_K' \to Z'(d)$$
$$\mathcal{F}^{-1} : Z'(d) \to \mathcal{W}_K'$$

isomorph. Benutzt man die Definitionen

$$\mathcal{W} = \underset{K}{\text{ind}} \; \mathcal{W}_K \qquad \text{(strikter induktiver Limes)}$$

$$Z = \underset{d}{\text{ind}} \; Z(d)$$

so kann man die Isomorphismen (4) fortsetzen zu den Isomorphismen

$$\mathcal{F}: \mathcal{D} \to Z,$$
(5)
$$\mathcal{F}^{-1}: Z \to \mathcal{D},$$

denn (4) bedeutet die Faktorisation

(6)
$$\begin{array}{ccccc} \mathcal{D}_{K_1} & \to & \mathcal{D}_{K_2} & \to & \cdots \\ \mathcal{F}^{-1}\uparrow\downarrow\mathcal{F} & & \mathcal{F}^{-1}\uparrow\downarrow\mathcal{F} & & \\ Z(d_1) & \to & Z(d_2) & \to & \cdots, \end{array}$$

welche nach dem Faktorisationssatz für induktive Limiten E § 23. 4.3. Korollar die Isomorphismen (5) ergeben. Das Diagramm (6) ergibt auch (die $\downarrow\uparrow$ sind Isomorphismen!), daß die Einbettungen $Z(d_1) \overset{\to}{\subset} Z(d_2)$ mit $d_1 < d_2$ strikt sind; $Z = \underset{\to d}{\operatorname{ind}} Z(d)$ ist somit ein strikter, abzählbarer (LF)-Raum, für welchen die Sätze E § 24 gelten.

Nach E § 18.2.6. Korollar ergibt sich wiederum aus (5)

$$\mathcal{F}: Z' \to \mathcal{D}', \quad \text{oder} \quad \mathcal{F}: \mathcal{D}' \to Z',$$
$$\mathcal{F}^{-1}: \mathcal{D}' \to Z', \quad \text{oder} \quad \mathcal{F}^{-1}: Z' \to \mathcal{D}'$$

isomorph.

<u>2. Die Foueriertransformation von</u> $W_{M,a} \leftrightarrow W^{\tilde{M},1/a}$. Wir zeigen hier, daß die Fouriertransformation den Isomorphismus

$$: W_{M,a} \to W^{\tilde{M},1/a} \quad {}^{*)}$$

ergibt. Als adjungierte Funktion zu M bezeichnen wir die Funktion $\tilde{M}$, die den Youngschen Ungleichungen genügt:

(1) $$|x|\cdot|y| \le M(x) + \tilde{M}(y) \quad \text{für alle } x,y,$$

und, zu jedem x gibt es ein y, so daß

(2) $$x\cdot y = M(x) + \tilde{M}(y)$$

gilt.

Wir benutzen § 9.1. Satz 2 und setzen dort $M_1(x) = e^{\tilde{M}(a(1-\frac{1}{\ell})x)}$, $M_2 = e^{-\tilde{M}(\frac{1}{a}(1+\frac{1}{\ell}))}$, $I(x) = e^{-M(\frac{ax}{\ell(\ell+1)})}$ und haben $\int I(x) < \infty$ wegen § 15.1.(2). Da M nicht schwächer als $A|x|$ wächst, ist die Bedingung (Ex) aus § 9.1. Satz 2 erfüllt, und die Bedingung (F) hat die Form

(F) $$-x\tau - \tilde{M}(\tfrac{1}{a}(1+\tfrac{1}{\ell})\tau) \le M(a(1-\tfrac{1}{\ell})x) - M(\tfrac{ax}{\ell(\ell+1)}) \;;$$

---

*) Für die Definitionen von $W_{M,a}$ und $W^{N,b}$ siehe § 15 und § 20.

sie folgt aus der Youngschen Ungleichung und aus § 15. (1).
Damit wirkt die Fouriertransformation $\mathfrak{F}$ (und auch $\mathfrak{F}^{-1}$) stetig.

(3) $$\mathfrak{F}: W_\infty^\ell(M_\ell, R^r) \to Z_\infty^\ell(e^{-\tilde{M}(\frac{1}{a}\ \ldots)}) \; .$$

Setzen wir in § 9.1. Satz 3

$$M_1 = e^{-\tilde{M}(\frac{1}{a}(1+\frac{1}{\ell+r+1})\tau)} \quad \text{und} \quad M_2 = e^{M(a(1-\frac{1}{\ell})x)} \; ,$$

so haben wir wegen der Younschen Gleichung (2)

$$-\ \tau x + M(a(1-\tfrac{1}{\ell})x) = -\tilde{M}(\tfrac{1}{a}(\tfrac{\ell}{\ell-1})\ ) \leq -\tilde{M}(\tfrac{1}{a}(1+\tfrac{1}{\ell+r+1})\ ) \; ,$$

d.h. die Bedingung (F).
Somit ist die Fouriertransformation $\mathfrak{F}$ (wie auch $\mathfrak{F}^{-1}$)

(4) $$\mathfrak{F}^{-1}: Z_\infty^{\ell+r+1}(e^{-\tilde{M}(\frac{1}{a}\ \ldots)}) \to W_\infty^\ell(e^{M(a\ \ldots)}) \; .$$

stetig. (3) und (4) setzen wir zu einem stetigen, kommutativen Diagramm zusammen

$$Z_\infty^{\ell+r+1}(e^{-\tilde{M}(\frac{1}{a}\ \ldots)}) \xrightarrow{\mathfrak{F}^{-1}} W_\infty^\ell(e^{M(a\ \ldots)}) \xrightarrow{\mathfrak{F}} Z_\infty^\ell(e^{-M(\frac{1}{a}\ \ldots)}) \; ,$$

(Bild wie in 1), woraus wie in 1 folgt, daß

$$\mathfrak{F}: W_{M,a} \to W^{\tilde{M},1/a}$$

ein Isomorphismus ist. Ebenso erhalten wir

$$\mathfrak{F}: W^{N,b} \to W_{\tilde{N},1/b} \; .$$

<u>3. Die Fouriertransformation von</u> $W_{M,a}^{N,b} \leftrightarrow W_{\tilde{N},1/b}^{\tilde{M},1/a}$. Nun zeigen wir, daß

$$\mathfrak{F}: W_{M,a}^{N,b} \to W_{\tilde{N},1/b}^{\tilde{M},1/a}$$

einen Isomorphismus darstellt. Wir benutzen dazu § 9.2. Satz, wobei wir
$M_1(\sigma+i\tau) = e^{M(a(1-\frac{1}{\ell})\sigma)-N(b(1+\frac{1}{\ell})\tau)}$, $M_2(x+iy) = e^{\tilde{N}(\frac{1}{b}(1-\frac{1}{\ell})x)-\tilde{M}(\frac{1}{a}(1+\frac{1}{\ell})y)}$ und
$I(\sigma) = e^{-M(\frac{a\sigma}{\ell(\ell+1)})}$ setzen.

Die Bedingung (Ex) von § 9.2. ist wegen den Wachstumsvoraussetzungen über M und N erfüllt, und wie in 2. haben wir

$$-y\cdot\sigma - \tilde{M}(\tfrac{1}{a}(1+\tfrac{1}{\ell})y) \leq M(a(1-\tfrac{1}{\ell})\sigma) - M(\tfrac{a\sigma}{\ell(\ell+1)}) \; ,$$

$$-\tau\cdot x + \tilde{N}(\tfrac{1}{b}(1-\tfrac{1}{\ell})x) = -N(b(1+\tfrac{1}{\ell-1})\tau) \leq -N(b(1+\tfrac{1}{\ell})\tau) \; ,$$

was nach Addition und Anwendung der Exponentialfunktion

$$e^{\tilde{N}(\frac{1}{b}(1-\frac{1}{\ell})x)-\tilde{M}(\frac{1}{a}(1+\frac{1}{\ell})y)}\, e^{-y\sigma-x\tau} \leq e^{M(a(1-\frac{1}{\ell})\sigma)-N(b(1+\frac{1}{\ell})\tau)}\, e^{-M(\frac{a\sigma}{\ell(\ell+1)})}$$

ergibt; das ist die Bedingung (F) von § 9.2., wobei wegen $M(x) \geq A|x|$ das Integral $\int I \, d\sigma$ endlich ist. Damit ist

$$\mathfrak{F}(\mathfrak{F}^{-1}) : A_\infty(e^{M(a(1-\frac{1}{\ell})x)-N(b(1+\frac{1}{\ell})y)}) \to A_\infty(e^{\tilde{N}(\frac{1}{a}(1-\frac{1}{\ell})\sigma)-\tilde{M}(\frac{1}{a}(1+\frac{1}{\ell})\tau)})$$

stetig, was nach zweimaliger Anwendung die Faktorisation

$$A_\infty(e^{M}\cdots) \underset{\mathfrak{F}}{\to} A_\infty(e^{\tilde{N}}\cdots) \underset{\mathfrak{F}^{-1}}{\to} A_\infty(e^{M}\cdots)$$

ergibt.

Nach E § 6.2.8 Satz ist damit

$$\mathfrak{F} : W_{M,a}^{N,b} \to W_{\tilde{N},1/b}^{\tilde{M},1/a}$$

ein Isomorphismus.

VI. Projektive S(m)-Räume.

Wir wollen hier nur den Raum $S_{\beta,a}^{\alpha,a}$ behandeln; andere Räume findet man bei Gelfand [1], Palamadov [1], Wloka [1]; für die Herleitung ihrer Eigenschaften ist der Raum $S_{\beta,a}^{\alpha,a}$ typisch.

§ 23. Der Grundraum $S_{\beta,a}^{\alpha,a}$ von Gelfand.

1. Definition und ($\overline{S}$)-Eigenschaft von $S_{\beta,a}^{\alpha,a}$. Wir definieren $S_{\beta,a}^{\alpha,a} = \text{proj}_{\leftarrow n}\, S_\infty(m^n)$, wobei im Falle $r = 1$, $m_{k,q}^n = (a+\frac{1}{n})^{-k-q}\, k^{-k\alpha} q^{-q\beta}, \alpha,\beta \geq 0$ und für beliebige r

(*) $$m_{k,q}^n = m_{k_1,q_1}^n \cdots m_{k_r,q_r}^n$$

gesetzt wurde.

Wir zeigen mit Hilfe des Satzes 2 von § 4.3, daß die Einbettungen

$$S_\infty(m^{n+1}) \to S_\infty(m^n)$$

kompakt sind: Wir haben

$$(1) \qquad \frac{m^n_{k,q}}{m^{n+1}_{k,q}} = \frac{(a+\frac{1}{n+1})^{k+q}}{(a+\frac{1}{n})^{k+q}} \to 0 \qquad \text{für } k,q \to \infty ,$$

d.h. die Bedingung (K) ist erfüllt und $S^{\alpha,a}_{\beta,a}$ ist ein ($F\overline{S}$)-Raum.

Bemerkung. Wir rechnen alle Eigenschaften von $S^{\alpha,a}_{\beta,a}$ für den Fall $r = 1$ durch; für beliebige r muß man nach (*) alle. Formeln multiplikativ vervielfachen.

2. Operationen auf $S^{\alpha,a}_{\beta\ a}$. Die Multiplikation mit Polynomen $P(x)$ ist stetig. Wir zeigen, daß die Multiplikation mit x_j, $j = 1,\dots,r$, stetig ist:

$$x_j\cdot: S_\infty(m^{n+1}) \to S_\infty(m^n),$$

denn die Bedingungen (M) von § 6.3. Satz sind erfüllt

$$(2) \qquad \frac{m^n_{k,q}}{m^{n+1}_{k+1,q}} = \underbrace{(a+\tfrac{1}{n+1})\Big(\frac{a+\frac{1}{n+1}}{a+\frac{1}{n}}\Big)^{k+q} (k+1)^\alpha}\underbrace{(\tfrac{k+1}{k})^{k\alpha}} \le c < \infty$$

$$(3) \qquad \frac{q\, m^n_{k,q+1}}{m^{n+1}_{k,q}} = \underbrace{\frac{1}{a+\frac{1}{n}}\Big(\frac{a+\frac{1}{n+1}}{a+\frac{1}{n}}\Big)^{k+q} \frac{q}{(q+1)^\beta}}\underbrace{(\tfrac{q}{q+1})^{q\beta}} \le c < \infty ,$$

denn die $\underbrace{\qquad}$ (groß) eingeklammerten Ausdrücke lassen sich durch die Derivierten einer geometrischen Reihe abschätzen, während wir die $\underbrace{\ }$ (klein) durch $e^\alpha + 1$ bzw. $e^\beta + 1$ abschätzen können. Damit ist das Diagramm

$$\begin{array}{ccccccc} & S_\infty(m^2) & \leftarrow & S_\infty(m^3) & \leftarrow & S_\infty(m^4) & \leftarrow \dots \\ x_j\cdot: & \downarrow & & \downarrow & & \downarrow & \\ & S_\infty(m^1) & \leftarrow & S_\infty(m^2) & \leftarrow & S_\infty(m^3) & \leftarrow \dots \end{array}$$

kommutativ und stetig, was nach E § 6.2.6. Satz die Stetigkeit der Multiplikation

$$x_j\cdot: S^{\alpha,a}_{\beta,a} \to S^{\alpha,a}_{\beta,a}$$

bedeutet.

Nun läßt sich aber jedes Polynom $P(x)$ aus Multiplikationen mit x_j, $j=1,\dots,r$, und linearen Operationen zusammensetzen; deshalb ist auch die Multiplikation

$$P(x)\cdot: S^{\alpha,a}_{\beta,a} \to S^{\alpha,a}_{\beta,a}$$

stetig.

Die Differentiation

$$\frac{d}{dx} : S_\infty(m^{n+1}) \to S_\infty(m^n)$$

ist stetig, denn die Bedingung (D) von § 7.3. Satz lautet hier

$$\frac{m^n_{k,q}}{m^{n+1}_{k,q+1}} = (a+\frac{1}{n+1})\left(\frac{a+\frac{1}{n+1}}{a+\frac{1}{n}}\right)^{k+q}(q+1)^{\beta}(\frac{q+1}{q})^{\beta q} \leq c < \infty \;;$$

sie ist (2) analog. Wir haben somit wieder ein stetiges und kommutatives Diagramm

$$\frac{d}{dx} : \begin{array}{ccccc} S_\infty(m^2) & \leftarrow & S_\infty(m^3) & \leftarrow & \dots \\ \downarrow & & \downarrow & & \\ S_\infty(m^1) & \leftarrow & S_\infty(m^2) & \leftarrow & \dots \end{array} \quad ,$$

woraus die Stetigkeit von

$$\frac{d}{dx} : S^{\alpha,a}_{\beta,a} \rightarrow S^{\alpha,a}_{\beta,a}$$

folgt.

3. Äquivalente Darstellungen und Nuklearität von $S^{\alpha,a}_{\beta,a}$. Die hinreichende Bedingung für die Stetigkeit der Einbettung

(4) $$S_\infty(m^{n+1}) \rightarrow S_p(m^n)$$

lautet hier - siehe § 3.3. Satz 2 -

$$\sum_{k,q}\left(\frac{m^n_{k,q}}{m^{n+1}_{k+1,q}}\right)^p \leq \left[\sum_{k,q}(a+\frac{1}{n+1})^p\left(\frac{a+\frac{1}{n+1}}{a+\frac{1}{n}}\right)^{(k+q)p}(k+1)^{\alpha p}\right]\cdot(e^{\beta}+1) < \infty;$$

dabei ergibt sich die mittlere Abschätzung aus (2).

Die hinreichende Bedingung für die Stetigkeit von

(5) $$S_p(m^{n+1}) \rightarrow S_\infty(m^n)$$

lautet - siehe § 3.3. Satz 3 -

$$(k+1)\frac{m^n_{k,q}}{m^{n+1}_{k+1,q+1}} \leq (a+\frac{1}{n+1})^2\left(\frac{a+\frac{1}{n+1}}{a+\frac{1}{n}}\right)^{k+q}(k+1)^{\alpha+1}\cdot(q+1)^{\beta}(\frac{k+1}{k})^{k\alpha}(\frac{q+1}{q})^{\beta q} \leq c < \infty \,.$$

(4) und (5) ergeben die Stetigkeit (die Kommutativität ist trivial) des Diagramms

$$\begin{array}{ccccccc} S_\infty(m^1) & \leftarrow & S_\infty(m^2) & \leftarrow & S_\infty(m^3) & \leftarrow & S_\infty(m^4) \leftarrow \\ & \nwarrow & S_p(m^2) & \swarrow & \nwarrow & & S_p(m^4) \swarrow \end{array} ,$$

also die Äquivalenzen (für $1 \leq p \leq \infty$)

(6) $$S^{\alpha,a}_{\beta,a} = \underset{\leftarrow\, n}{\text{proj}}\, S_\infty(m^n) \cong \underset{\leftarrow\, n}{\text{proj}}\, S_p(m^n) \,.$$

Die Bedingungen (HS_1) und (HS_2) von § 5.3. Satz haben hier die Form

$$(HS_2)\quad (k+1)\frac{m^{n+1}_{k,q}}{m^{n+2}_{k+2,q+1}} = (a+\frac{1}{n+2})^3\left(\frac{a+\frac{1}{n+2}}{a+\frac{1}{n+1}}\right)^{k+q}(k+2)^{2\alpha}(k+1)(q+1)^{\beta}(\frac{k+2}{k})^{k\alpha}(\frac{q+1}{q})^{\beta q} \leq c < \infty$$

und

$$(HS_1)\qquad \sum_{k,q}\left(\frac{m^n_{k,q}}{m^{n+1}_{k,q}}\right)^2 = \sum_{k,q}\left(\frac{a+\frac{1}{n+1}}{a+\frac{1}{n}}\right)^{2(k+q)} < \infty ;$$

deshalb sind die Einbettungen

$$S_2(m^{n+2}) \to S_2(m^n)$$

Hilbert-Schmidtsch, d.h. $S^{\alpha,a}_{\beta,a}$ ist nuklear.

4. Der Dualraum von $S^{\alpha,a}_{\beta,a}$. (6) ergibt in Verbindung mit der Eigenschaft, daß $S^{\alpha,a}_{\beta,a}$ ein (FS)-Raum ist, für den Dualraum

$$(7)\qquad (S^{\alpha,a}_{\beta,a})'_b = \underset{\to n}{\operatorname{ind}}\, S'_p(m^n) ,$$

was wegen § 10.3. Satz für die Funktionale $f \in (S^{\alpha,a}_{\beta,a})'$ die Darstellung

$$\langle f,\phi\rangle = \sum_{k,q} \int D^q\phi(x)\cdot(1+x^2)^k g_{k,q}(x)dx, \qquad g_{k,q} \in L_{p'}$$

mit der Norm

$$||f|| = \left[\sum_{k,q} \int \left(\frac{|g_{k,q}(x)|}{m^n_{k,q}}\right)^{p'} dx\right|^{1/p'} \quad \text{für } 1<p<\infty,\ \frac{1}{p'} + \frac{1}{p} = 1$$

bzw.

$$||f|| = \sup_{\substack{k,q\\x}} \frac{|g_{k,q}(x)|}{m^n_{k,q}} \qquad \text{für } p = 1$$

ergibt.

Hier hängt n von f ab. Die Konvergenz von Folgen f_k in $(S^{\alpha,a}_{\beta,a})'_b$ ist durch diese Normen charakterisiert.

Bemerkung. Um (7) zu erhalten, haben wir stillschweigend vorausgesetzt, daß die Räume $S_\infty(m^{n+1})$ dicht in $S_\infty(m^n)$ liegen; der Nachweis dieser Eigenschaft ist nicht ganz einfach.

§ 24. Allgemeine Betrachtungen über induktive Grundräume

Wir wollen in diesem Abschnitt induktive Grundräume behandeln, d.h.

$$(1)\qquad E = \underset{\to n}{\operatorname{ind}}\, E_n,$$

wobei $\{E_n\} = E_1 \to E_2 \to \ldots$ ein induktives Spektrum von Banachräumen ist. Für E_n nehmen wir entweder

$$(2)\qquad A_\infty(M_m,G_n) \quad \text{oder} \quad S_\infty(m^n) ,$$

(daß man in der Definition beliebige L_p-Normen, d.h. statt (2) die Räume $A_p(M_n,G_n)$ oder $S_p(m^n)$ nehmen kann, zeigen wir später!) und für die Spektralabbildungen $\to$ im Falle der A_∞-Räume die Restriktion der Funktionen aus $A\ (M_n,G_n)$ vom Definitionsgebiet G_n auf das Gebiet G_{n+1}

V_1 es muß also $G_n \supset G_{n+1}$ sein ,

während wir im Falle der $S_\infty(m^n)$-Räume für die Spektralabbildungen die Einbettung durch die Identität wählen. Beidesmal sind die Spektralabbildungen injektiv, eine Bemerkung, die sich für die induktive Limesbildung als wichtig erweist. Damit die Spektralabbildungen der Räume vom Typus (2) stetig sind, sollen die Gewichtsfunktionen die (hinreichenden) Bedingungen

V_2 $$M_n(z) \geq M_{n+1}(z) \quad \text{bzw.} \quad m^n_{k,q} \geq m^{n+1}_{k,q} ,$$

- siehe § 3.2 und 3. - erfüllen; dabei haben wir der einfachen Schreibweise wegen, die Konstanten C_n in die Gewichtsfunktionen hineingesteckt.

Für die Theorie der verallgemeinerten Funktionen ist die Forderung, daß die Spektralabbildungen von (1) stetig sind, zu wenig; wir werden deshalb immer voraussetzen, daß sie kompakt sind, also

V_3 $$E_n \to E_{n+1} \quad \text{kompakt.}$$

(Für die Räume (2) bedeutet dies, daß wir die Bedingung (K) der Sätze aus § 4.2. und 3. nachprüfen müßen.) Die Forderung V_3 hat für den Limesraum (1) weitreichende Konsequenzen: $E = \underset{\to n}{\text{ind}}\, E_n$ ist nämlich ein (LS)-Raum (siehe E § 25). Das bedeuted zunächst, daß E separiert, reflexiv und vollständig ist. Weiterhin ist eine beschränkte Menge A von E relativ kompakt (auch ist E ein (M)-Raum, da nach E § 23.2.9. Satz der induktive Limes von tonnelierten Räume wieder tonneliert ist) und schon in einem E_{n_o} enthalten (n_o hängt von A ab). Das ergibt das Folgenkonvergenzkriterium: ϕ_k konvergiert gegen ϕ_o in E dann und nur dann, wenn es ein n_o gibt, so daß $||\phi_k-\phi_o||_{n_o} \to 0$ gilt. Wir können deshalb - wie in § 11 - die folgenden Sätze aussprechen und beweisen.

<u>Satz 1.</u> Die Folgenkonvergenz auf E ist feiner als die punktweise Konvergenz (wir beweisen sogar, daß sie feiner ist als die fast gleichmäßige Konvergenz), d.h. aus $\phi_k \to \phi_o$ in E folgt $\phi_k(z) \to \phi_o(z)$ für $z \in G_{n_o}$ (A-Räume) bzw. $\phi_k(x) \to \phi_o(x)$ für $x \in R^r$ (S(m)-Räume).

Beweis. Wir beweisen diesen Satz nur für A-Räume; für S(m)-Räume sind nur die Bezeichnungen zu ändern. Konvergenz in E bedeutet nach Obigem: es existiert ein n_o, so daß $||\phi_k-\phi_o||_{n_o} \to 0$ gilt, was wegen der Gestalt der Norm von $A_\infty(M_{n_o},G_{n_o})$

(3) $$\phi_k(z)M_{n_o}(z) \to \phi_o(z)M_{n_o}(z) \quad \text{gleichmäßig auf } G_{n_o}$$

nach sich zieht. Da aber nach Voraussetzung $M_{n_o}(z) > 0$ und stetig auf G_{n_o} ist, folgt aus (3) sofort

$$\phi_k(z) \to \phi_o(z) ,$$

gleichmäßig auf jedem Kompaktum von G_{n_o}. //

Satz 2. Eine Folge $\{\phi_k\}$ konvergiert in E dann und nur dann, wenn gilt

1. $\{\phi_k\}$ ist beschränkt, d.h. es existiert ein n_o und ein C_{n_o}, so daß $||\phi_k||_{n_o} \leq C_{n_o} < \infty$
2. $\phi_k(z)$ konvergiert, punktweise auf $G = \bigcap_n G_n$ ($\neq \emptyset$, um triviale Fälle auszuschließen).

Beweis. Notwendigkeit: 1. Jede konvergente Folge ist beschränkt. 2. folgt sofort aus Satz 1. Hinlänglichkeit: Aus 1., d.h. $||\phi_k||_{n_o} \leq C_{n_o} < \infty$, folgt wegen V_3: Die Folge $\{\phi_k\}$ ist in E_{n_o+1} relativ kompakt, und besitzt daher konvergente Unterfolgen, die wegen 2. gegen ein und dieselbe Grundfunktion ϕ_o streben müssen. $\phi_k \to \phi_o$ in E_{n_o+1} zieht aber

$$\phi_k \to \phi_o \quad \text{in } E$$

nach sich. //

Satz 3. Es seien E und F $(E \subset F)$ induktive Grundräume. Auf E und F seien die Differentialoperatoren $\frac{\partial}{\partial x_j}$, $j = 1,\ldots,r$, erklärt und stetig und die Translation $\tau_h : E \to F$ für $|h| \leq h_o$ gleichmäßig beschränkt (siehe § 11 Satz 4). Dann gilt in E'

$$\frac{\tau_{h_j} f - f}{h_j} \to \frac{\partial}{\partial x_j} f \quad \text{für } h_j \to 0, \; f \in F' .$$

Der Beweis verläuft wie der von § 11. Satz 4; E und F sind nämlich, aufgrund von V_3, bornologisch und Monteläume (E § 23.2.9. Satz). //

Da ein (LS)-Raum E genau dann metrisierbar ist, wenn er endlich dimensional ist, haben wir den

Satz 4. Ist $E \neq \{0\}$ und die Multiplikation mit Polynomen auf E möglich, so ist E nicht metrisierbar.

Der Beweis folgt aus der Bemerkung, daß die unendlichen Folgen

$$0 \neq \phi_o, z\,\phi_o, z^2\,\phi_o, \ldots \qquad \text{(A-Räume)}$$

bzw.

$$0 \neq \phi_o, x\,\phi_o, x^2\,\phi_o, \ldots \qquad \text{(S(m)-Räume)}$$

linear unabhängig sind und zu E gehören.

Auf den Räumen (1) wollen wir nur stetige (lineare) Abbildungen

$$A : \operatorname{ind}_{\to n} E_n \to \operatorname{ind}_{\to n} F_n \tag{4}$$

betrachten, die durch stetige Spektralabbildungen A_n: $E_n \to F_n$ induziert werden:

(5) $$\begin{array}{ccccccc} E_1 & \to & E_2 & \to & E_3 & \to & \dots \\ A_1:\downarrow & & A_2:\downarrow & & A_3:\downarrow & & \\ F_1 & \to & F_2 & \to & F_3 & \to & \dots \end{array} ,$$

wobei das obige Diagramm kommutativ sei (siehe E § 23.4). Es bedeutet dabei keine Einschränkgung der Allgemeinheit, wenn statt der Spektren $\{E_n\}$, $\{F_n\}$ unendliche Teilspektren auftreten, denn die induzierten Abbildungen (4) sowie die induktiven Limesräume bleiben die gleichen (siehe E § 23.4. Satz). Die Kommutativität des Diagramms (5) läßt sich meistens einfach nachprüfen, da es sich bei den horizontalen Pfeilen entweder um Restriktionsabbildungen (A-Räume) oder identische Einbettungen (S(m)-Räume) handelt. (Nebenbei bemerkt: läßt man noch, wie bei den projektiven Limiten, Reduktionen zu - siehe § 11 -, so läßt sich nach einem Satz von Grothendieck - siehe Köthe [1] S. 227 - jede stetige Abbildung (4) in ein Diagramm (5) zerlegen; (5) bedeutet dann gegenüber (4) keine Einschränkung der Allgemeinheit.)

Wir wollen später für die einzelnen Räume zeigen, daß die Differentiation, die Multiplikation mit f, und die Translation stetig zwischen den "Ziegeln" E_n, F_n wirken, und daß ein kommutatives Schema der Form (5) vorliegt; daraus wird dann nach Satz E § 23.4.1 die Stetigkeit der oben genannten Operationen für

$$\underset{\to}{\text{ind}}\, E_n \to \underset{\to}{\text{ind}}\, F_n$$

folgen.

Bisher haben wir für die Grundräume (1) die "Ziegel" E_n vom Typus (2) genommen, kurz

$$E_n = E^n_\infty .$$

Zum Beweis der Darstellung der Räume (1) durch

$$A_p \quad \text{oder} \quad S_p(m), \ \text{kurz} = E^n_p,$$

gehen wir folgendermaßen vor: wir faktorisieren

(6) $$\begin{array}{ccccccccc} E^1_p & & \to & & E^2_p & & \to & & E^3_p & \to \dots \\ & \searrow & & \nearrow & & \searrow & & \nearrow & & \searrow \quad \nearrow \\ & & E^1_\infty & & & & E^2_\infty & & & E^3_\infty , \end{array}$$

indem wir für die schräggepfeilten Abbildungen die Sätze aus § 3.2 und 3 anwenden. Es können selbstverständlich (siehe Bemerkung über Unterfolgen von Spektren) zwei aufeinanderfolgende Schrägpfeile $\searrow\nearrow$ mehr als zwei Räume E_p umfassen, d.h. die Sprungweite kann größer als 1 sein. Das Diagramm ist banalerweise kommutativ, da alle Pfeile entweder Restriktionsabbildungen oder identische Einbettungen darstellen. Wenden wir den Faktorisationssatz E § 23.4.3

auf (6) an, so erhalten wir die Äquivalenz

$$\underset{\rightarrow n}{\operatorname{ind}} E_\infty^n \cong \underset{\rightarrow n}{\operatorname{ind}} E_p^n .$$

Gilt (6) insbesondere für p = 2, und lassen sich auf die Schrägpfeile die Sätze aus § 5.2. und 3. anwenden, so sind die Spektralabbildungen → Hilbert-Schmidtsch, der Raum $E = \underset{\rightarrow}{\operatorname{ind}} E_\infty^n \cong \underset{\rightarrow}{\operatorname{ind}} E_2^n$ ist dann ein (LN)-Raum - Definition siehe E § 27.3. also nuklear. Da die Nuklearität eine sehr wichtige Eigenschaft ist, wollen wir uns die Mühe machen, sie für alle induktive Grundräume nachzuweisen.

Die Fouriertransformation $\mathcal{F}$ (und auch die Laplacetransformation $\mathcal{L}$) werden wir durch ein Faktorisationsschema erledigen:

(7)
$$\begin{array}{ccccccc} E_\infty^1 & \longrightarrow & E_\infty^2 & \longrightarrow & E_\infty^3 & \longrightarrow & \ldots \\ & {\scriptstyle \mathcal{F},\mathcal{L}}\searrow & \nearrow{\scriptstyle \mathcal{F}^{-1},\mathcal{L}^{-1}} & {\scriptstyle \mathcal{F},\mathcal{L}}\searrow & \nearrow{\scriptstyle \mathcal{F}^{-1},\mathcal{L}^{-1}} & & \\ & & F_\infty^1 & & F_\infty^2 & & \end{array}$$

Dabei gilt über die Fouriertransformation und über die Laplacetransformation das in § 11 Gesagte.

Die Voraussetzung V_3 hat für den Dualraum E_b' von (1), (d.h. für den Raum der verallgemeinerten Funktionen) wichtige Konsequenzen, die es erlauben, seine Struktur vollständig zu übersehen. Nach Satz E § 26.2.2 ist nämlich E_b' ein $(\overline{S})$-Raum, d.h. wir haben

(8)
$$E_b' = \underset{\leftarrow n}{\operatorname{proj}} E_n' ,$$

mengentheoretisch und topologisch, und das projektive Spektrum $\{E_n'\}$ ist wieder kompakt. Da wir die Dualräume E_n' von E_n kennen - siehe die Sätze aus § 10.2 und 3 -, ergeben sich aus (8) Darstellungsformeln für die verallgemeinerten Funktionen aus E'; doch hat der projektive Limes (8) leider die Eigenschaft, daß ein und dasselbe Funktional $f \in E'$ verschiedene Darstellungen auf verschiedenen Räumen E_n haben kann. Es ist daher unser Ziel, möglichst "globale" Darstellungsformeln für die Funktionale $f \in E'$ anzugeben, d.h. Darstellungsformeln, die von n unabhängig sind.

Die Darstellung (8) erlaubt es auch, die Folgenkonvergenz auf E' durch Normen zu charakterisieren.

Aus der allgemeinen Theorie wissen wir weiter (siehe E § 25 und 26), daß E_b' vollständig und ein Montelraum ist, so daß auf E_b' schwache und starke Folgenkonvergenz äquivalent sind.

VII. Induktive A-Räume

§ 25. Der Grundraum W_M^N von Gelfand [2]

1. Definition und $(L\overline{S})$-Eigenschaft von W_M^N. Seien N und M konvexe Funktionen wie in § 15. Wir definieren

$$W_M^N = \underset{\to n}{\operatorname{ind}}\, A_\infty(M_n, C^r),$$

wobei

$$M_n(z) = M_n(x+iy) = e^{M(\frac{1}{n}x)-N(ny)} .$$

Das induktive Spektrum für W_M^N hat die Form

(1) $$A_\infty(M_1) \to A_\infty(M_2) \to A_\infty(M_3) \to \ldots$$

und die Spektralabbildungen

$$A_\infty(M_n) \to A_\infty(M_{n+1})$$

sind kompakt. Dies folgt aus § 4.2. Satz 2, weil die Bedingung (K)

(2) $$\frac{M_{n+1}(z)}{M_n(z)} \le e^{-M(\frac{x}{n(n+1)})-N(y)} \to 0 \quad \text{für } |z| \to \infty$$

erfüllt ist. (Die Abschätzung (2) erhält man wie in § 20.1.) Der Raum W_M^N ist damit ein $(L\overline{S})$-Raum, und für ihn gilt das in § 24 Gesagte.

2. Operationen auf W_M^N. Als Multiplikatoren kommen für W_M^N ganze analytische Funktionen f in Frage, die der Abschätzung (für jedes $\varepsilon > 0$)

$$|f(z)| \le C_\varepsilon e^{M(\varepsilon x)+N(y)}, \qquad \varepsilon > 0,$$

genügen, denn wegen der Abschätzung (2) haben wir für $\varepsilon = \frac{1}{n(n+1)}$

$$|f(z)| \le C_n e^{M(\varepsilon x)+N(y)} = C_n e^{M(\frac{x}{n(n+1)})+N(y)} \le C_n \frac{M_n}{M_{n+1}} ,$$

womit die Bedingung (M) von § 6.2. Satz für je zwei Räume des Spektrums (2) erfüllt ist, und das Diagramm

$$\begin{array}{ccccc} & A_\infty(M_1) & \to A_\infty(M_2) & \to & \ldots \\ f\cdot: & \downarrow & \downarrow & & \\ & A_\infty(M_2) & \to A_\infty(M_3) & \to & \ldots \end{array}$$

ist kommutativ und stetig. Damit ist nach Satz E § 23.4.1 die Multiplikation mit $f : \phi \rightsquigarrow f\phi$ eine stetige Operation auf W_M^N.

Um die Stetigkeit der Differentiation $\frac{\partial}{\partial z_j}$, $j = 1,\dots,r$ nachzuweisen, müssen wir die Bedingung (D) aus § 7.2. Satz für je zwei Räume aus dem Spektrum (1) nachprüfen. Dazu überdecken wir C^r mit Polykreisen $D(z,1)$ vom Radius $= 1$ und schätzen ab (für große z):

$$\frac{M_{n+1}(z)}{M_n(w)} = e^{M(\frac{x}{n+1})-M(\frac{t}{n})-[N((n+1)y)-N(ns)]}$$

(3) $$\leq e^{M(\frac{x}{n+1})-M(\frac{x-1}{n})-[N((n+1)y)-N(n(y+1))]}$$

$$\leq e^{-M(\frac{x}{n(n+1)}-\frac{1}{n})-N(y-n)} ,$$

hier ist

$$z = x + iy \in C^r \quad \text{und} \quad w = t + is \in D(z,1).$$

Wenn n fixiert wird, geht (3) für $|z| \to \infty$ gegen Null, was zusammen mit der Stetigkeit von (3) die Beschränktheit auf ganz C^r ergibt.

Damit ist das Diagramm

$$\begin{array}{cccccc} & A_\infty(M_1) & \to & A_\infty(M_2) & \to & \dots \\ \frac{\partial}{\partial z_j} : & \downarrow & & \downarrow & & \\ & A_\infty(M_2) & \to & A_\infty(M_3) & \to & \dots \end{array}$$

kommutativ und stetig und E § 23.4.1 Satz ergibt die Stetigkeit von $\frac{\partial}{\partial z_j}$ auf W_M^N.

Wir wollen nun die Translation τ_h behandeln. Wegen der Konvexität von M und N haben wir für $|h| \leq h_o$

$$M(\frac{x-h}{2n}) \leq M(\frac{x}{n}) + M(\frac{h}{n}) \leq M(\frac{x}{n}) + M(\frac{h_o}{n})$$

und

$$-N(2n(y-h)) \leq -N(ny) + N(2nh) \leq -N(ny) + N(2nh_o)$$

zusammengefaßt:

$$M_{2n}(z-h) \leq e^{M(\frac{h_o}{n})+N(2nh_o)} \cdot M_n(z) ;$$

das ist die Bedingung (T) von § 8.2. Satz. Damit ist nach diesem Satz die Translation

(4) $$\tau_h : A_\infty(M_n) \to A_\infty(M_{2n})$$

gleichmäßig beschränkt für $|h| \leq h_o$, und wir haben das Diagramm (stetig und kommutativ)

$$\begin{array}{cccccccc} & A_\infty(M_1) & \to & A_\infty(M_2) & \to & A_\infty(M_3) & \to & \dots \\ \tau_h : & \downarrow & & \downarrow & & \downarrow & & \\ & A_\infty(M_2) & \to & A_\infty(M_4) & \to & A_\infty(M_6) & \to & \dots , \end{array}$$

womit die Stetigkeit von $\tau_h : W_M^N \to W_M^N$ bewiesen ist.

Wir zeigen nun, daß

$$\tau_h : W_M^N \to W_M^N$$

für $|h| \leq h_o$ gleichmäßig beschränkt ist.

Sei B eine beschränkte Menge aus W_M^N, wegen der Kompaktheit von (1) existiert ein n_o derart, daß $||B||_{A(M_{n_o})}$ beschränkt ist. Nach (4) ist $||\tau_h B||_{A(M_{2n_o})}$ gleichmäßig beschränkt für $|h| \leq h_o$, und weil W_M^N induktiver Limes ist, ist damit auch $\tau_h B$ für $|h| \leq h_o$ in W_M^N beschränkt. //

Erklären wir $f\cdot$, $\frac{\partial}{\partial z_j}$, τ_h auf $(W_M^N)'$ durch die Dualität ($T \in (W_M^N)'$, $\phi \in W_M^N$) .

$$\langle fT,\phi\rangle = \langle T,f\phi\rangle$$

$$\langle\frac{\partial}{\partial z_j} T,\phi\rangle = -\langle T,\frac{\partial}{\partial z_j}\phi\rangle$$

$$\langle\tau_h T,\phi\rangle = \langle T,\tau_{-h}\phi\rangle \ ,$$

so folgt aus E § 18, daß die Operationen $f\cdot$, $\frac{\partial}{\partial z_j}$ und τ_h überall auf $(W_M^N)'$ erklärt und stetig sind.

<u>3. Die Fouriertransformation von $W_M^N \leftrightarrow W_{\tilde N}^{\tilde M}$.</u> Wir wollen nun zeigen, daß die Fouriertransformation

(5)
$$\mathcal{F} : W_M^N \to W_{\tilde N}^{\tilde M}$$

isomorph wirkt, wobei $\tilde M$, $\tilde N$ die durch die Youngsche Ungleichung adjungierten Funktionen zu M und N sind - siehe § 22.2. Um (5) zu beweisen, faktorisieren wir das Spektrum $\{A_\infty(M_2)\}$ durch $\{A_\infty(\tilde M_n)$, wobei wir

$$\tilde M_n(x+iy) = e^{\tilde N(\frac{x}{n})-\tilde M(ny)}$$

gesetzt haben

(6)
$$\begin{array}{ccccccccc} A_\infty(M_1) & \longrightarrow & A_\infty(M_2) & \longrightarrow & A_\infty(M_3) & \longrightarrow & A_\infty(M_4) & \longrightarrow & \ldots \\ & \searrow^{\mathcal{F}} & & \nearrow_{\mathcal{F}^{-1}} & & \searrow^{\mathcal{F}} & & \nearrow_{\mathcal{F}^{-1}} & \\ & & A_\infty(\tilde M_2) & & & & A_\infty(\tilde M_4) & & \end{array}$$

Die Wachstumsvoraussetzungen über M und N ziehen nach sich, daß die Existenzbedingung (Ex) für die Fouriertransformation von § 9.2. Satz erfüllt ist, und die Bedingung (F) von § 9.2. Satz hat hier für die durch Schrägpfeile verbundenen Räume die Form

(7)
$$e^{\tilde N(\frac{x}{n+1})-\tilde M((n+1)y)-y\sigma-x\tau} \leq e^{M(\frac{\sigma}{n})-N(n\tau)} I(\sigma) \ ,$$

wobei $I(\sigma) = e^{-M(\frac{\sigma}{n(n+1)})}$ gesetzt wurde.

(7) folgt einfach (siehe auch § 22.3) aus der Younschen Ungleichung. Hier ist noch zu bemerken, daß (7) die Stetigkeit von $\overrightarrow{\mathcal{F}}$ ergibt; um die Stetigkeit von $\overrightarrow{\mathcal{F}^{-1}}$ zu erhalten, muß man in (7) nur die Rollen von M und $\tilde{M}$ (sowie von N und $\tilde{N}$) vertauschen und beachten, daß $\mathcal{F}^{-1}$ sich durch die Fouriertransformation mit umgekehrten Vorzeichen unter dem Integral ausdrücken läßt. Aus (6) folgt also mit Satz E § 23.4.3 die Isomorphieeigenschaft von (5).

<u>4. Unendliche Differentialoperatoren auf W_M^N.</u> Als eine Anwendung von (5) wollen wir unendliche Differentialoperatoren auf W_M^N betrachten; dabei setzen $M \leq N$ voraus, was dadurch gerechtfertigt ist, daß im Falle $M > N$ der Raum W_M^N nur aus dem Nullelement besteht (siehe Gelfand [2]).

Sei $f(z) = \sum_k c_k z^k$ eine formale Potenzreihe; mit $f_K(z)$ bezeichnen wir die Partialsumme

$$f_K(z) = \sum_{|k| \leq K} c_k z^k.$$

Wir nennen $f(D) = \sum_k c_k D^k$ einen unendlichen Differentialoperator auf W_M^N, wenn $f_K(D)\phi = \sum_{|k| \leq K} c_k D^k \phi$, $\phi \in A$, gleichmäßig auf jeder beschränkten Menge $A \subset W_M^N$ (in der Topologie von W_M^N) konvergiert. Den Grenzwert - er ist ein linearer, stetiger Operator - bezeichnen wir mit $f(D)\phi$.

Wir wollen zeigen, daß f(D) ein unendlicher, stetiger Differentialoperator auf W_M^N ist, falls die ganze analytische Funktion f(z) der Abschätzung

$$|f(z)| \leq C_\varepsilon e^{\tilde{N}(\varepsilon |z|)}, \quad 0 < \varepsilon \text{ beliebig,} \tag{8}$$

genügt. Man kann auch zeigen - dabei spielt die Nuklearität von W_M^N eine wesentliche Rolle - daß durch (8) <u>alle</u> unendlichen Differentialoperatoren auf W_M^N charakterisiert sind (Beweis: siehe Wloka [1]).

Unter $|f|(z)$ wollen wir die Potenzreihe $\sum_k |c_k| z^k$ verstehen. Wir benötigen das

<u>Lemma.</u> Die ganze analytische Funktion $f(z) = \sum_k c_k z^k$ genüge der Abschätzung

$$|f(z)| \leq C_\varepsilon e^{N(\varepsilon |z|)}, \quad 0 < \varepsilon \text{ beliebig.} \tag{9}$$

Dann genügt die Funktion $|f|(z)$ der Abschätzung

$$\big| |f|(z) \big| \leq |f|(|z|) \leq C'_\varepsilon e^{N(2\varepsilon |z|)}.$$

Beweis. Wir führen den Beweis eindimensional (d.h. $r = 1$); im Falle $r > 1$ hat man nur die Bezeichnungen zu ändern.

Es sei $m(R) = \max_{|z| \leq R} |f(z)|$. Wir haben $|z|, |z|^2 \leq C_\varepsilon^1 e^{N(\varepsilon |z|)}$ und

$$|f'(z)| \leq \left| \frac{1}{2\pi i} \oint \frac{f(\zeta) d\zeta}{(\zeta - z)^2} \right| \leq C \cdot m(|z| + 1)$$

$$|f''(z)| \leq \left| \frac{2}{2\pi i} \oint \frac{f(\zeta)}{(\zeta - z)^3} d\zeta \right| \leq C \cdot m(|z| + 1),$$

wenn wir auf einem Kreis mit dem Radius 1 um den Punkt z integrieren. Diese

Ungleichungen ergeben in Verbindung mit (9) die Abschätzung

(10) $$|F(z)| = |z(z\cdot f'(z))'| \leq C_\varepsilon^2 e^{N(\varepsilon(|z|+1))}.$$

Die Funktion F(z) besitzt die Entwicklung $\sum_{k=1} c_k k^2 z^k$. Für die Koeffizienten $c_k k^2$ von F(z) erhalten wir aus (10)

$$|c_k k^2| \leq \left|\frac{1}{2\pi i} \oint_{|\zeta|=r} \frac{F(\zeta)}{\zeta k+1} d\zeta\right| \leq C_\varepsilon^3 \frac{e^{N(\varepsilon(r+1)}}{r^k}$$

oder

(11) $$|c_k||z|^k \leq \frac{C_\varepsilon^3 \; e^{N(\varepsilon(|z|+1))}}{k^2} ,$$

wobei wir auf einem Kreis mit dem Radius $r = |z|$ um den Nullpunkt integrieren.

Für große $|z|$ ist $\varepsilon(|z|+1) \leq 2\varepsilon|z|$ und (11) ergibt

$$|f|(|z|) = \sum_k |c_k| \; |z|^k \leq C_\varepsilon^4 \left(\sum_{k=1}^{\infty} \frac{1}{k^2}\right) e^{N(2\varepsilon|z|)} = C'_\varepsilon e^{N(2\varepsilon|z|)}. \; //$$

Nun beweisen wir, daß unter der Bedingung (8) f(D) ein unendlicher Differentialoperator auf W_M^N $(M \leq N)$ ist.

Sei (8) erfüllt; wegen des Lemmas haben wir dann

(12) $$|f_K(iz)| \leq C'_\varepsilon e^{\tilde{N}(2\varepsilon|z|)} ,$$

wobei C'_ε nicht von K abhängt! (12) ergibt wegen der Konvexität von $\tilde{N}$ und wegen $\tilde{M} \geq \tilde{N}$ (dies folgt aus $M \leq N$)

(13) $$|f_K(iz)| \leq C'_\varepsilon e^{\tilde{N}(4\varepsilon|x|)+\tilde{M}(4\varepsilon|y|)} .$$

Die Abschätzung (13) ist aber, siehe § 25.2, die hinreichende Eigenschaft, damit f_K ein Multiplikatior ist, d.h. damit $f_K : \begin{matrix} \phi \to f_K\phi \\ W_{\tilde{N}}^{\tilde{M}} \to W_{\tilde{N}}^{\tilde{M}} \end{matrix}$ stetig ist. Fixiert man $\phi \in W_{\tilde{N}}^{\tilde{M}}$, so ist die Menge $\{f_K(iz)\cdot\phi\}$ $K = 1,2,\ldots$ wegen (13) beschränkt (die Abschätzung (13) hängt nicht von K ab!); $f_K(iz)\phi(z)$ konvergiert für $K \to \infty$ punktweise (in z) gegen $f(iz)\phi(z)$, und nach § 24. Satz 2 haben wir

$$f_K(iz)\phi \to f(iz)\phi$$

in der Topologie von $W_{\tilde{N}}^{\tilde{M}}$. Wegen der Isomorphieeigenschaft der Fouriertransformation gilt auch

(14) $$f_K(D)\phi \to f(D)\phi$$

für jedes $\phi \in W_M^N$. Benutzen wir den Satz von Banach-Steinhaus, siehe E § 10.3.4., (die $f_K(D)$ sind stetig!), so sehen wir zunächst, daß f(D) ein stetiger Operator ist und weiter, daß die Konvergenz (14) gleichmäßig auf den relativkompakten Mengen von W_M^N ist. W_M^N ist aber ein (M)-Raum; also ist gleichbedeutend mit relativ kompakt, beschränkt; damit findet die Konvergenz (14) gleichmäßig auf allen beschränkten Mengen statt. //

5. W_M^N ist nuklear. Um dies zu zeigen, faktorisieren wir

$$\begin{array}{ccccccccc} A_p(M_1) & \to & A_p(M_2) & \to & A_p(M_3) & \to & A_p(M_4) & \to & \dots \\ & \searrow & & \nearrow & & \searrow & & \nearrow & \\ & & A_\infty(M_2) & & & & A_\infty(M_4) & & . \end{array} \tag{15}$$

Dabei sind die Einbettungen $A_\infty(M_n) \to A_p(M_{n+1})$ wegen (2) (siehe Bedingung (HS_2) § 3.2. Satz 2)

$$(HS_2) \qquad \int \left(\frac{M_{n+1}(z)}{M_n(z)}\right)^p dz \le \int e^{-pM(\frac{x}{(n+1)n})-pN(y)} dz \le \int e^{-A_1|x|-A_2|y|} dz < \infty ,$$

stetig und $A_p(M_n) \to A_\infty(M_{n+1})$ ist ebenfalls stetig (nach § 3.2. Satz 3; die dortige Bedingung (HS_1) hat hier die Form (3)). (HS_1) und (HS_2) gewährleisten aber nach Satz § 5.2, p = 2 gesetzt, daß die Einbettung

$$A_2(M_n) \to A_2(M_{n+2})$$

Hilbert-Schmidtsch ist. Damit haben wir zweierlei erhalten: erstens folgt aus (15) (siehe E § 23.4.3. SAtz) die Äquivalenz

$$W_M^N = \underset{\to n}{\operatorname{ind}} A_\infty(M_n) \cong \underset{\to n}{\operatorname{ind}} A_p(M_n) \tag{16}$$

und zweitens ist W_M^N ein (LN)-Raum; nach E § 27.3.8 Satz ist W_M^N also nuklear im Sinne von Grothendieck.

6. Der Dualraum von W_M^N. Für den Dualraum ergibt sich aus (16)

$$(W_M^N)'_b = \underset{\leftarrow n}{\operatorname{proj}} A'_p(M_n), \qquad 1 \le p \le \infty . \tag{17}$$

Wir geben hier eine globale Darstellung der Funktionale $f \in (W_M^N)'$ an, deren Herleitung man in Wloka [1] findet:

$$\langle f,\phi\rangle = \sum_{q=o}^{\infty} \int D^q\phi(x)\cdot f_q(x)dx .$$

Die Seminormen von (17) sind durch

$$||f||_n = \sum_{q=o}^{\infty} n^q \left(\frac{q}{N^{-1}(q)}\right)^q \left[\int_{R^r} e^{-p'M(\frac{x}{n})} f_q^{p'}(x)dx\right]^{1/p'}$$

($\frac{1}{p'} + \frac{1}{p} = 1, 1 \le p < \infty$) bzw. durch

$$||f||_n = \sum_{q=o}^{\infty} n^q \left(\frac{q}{N^{-1}(q)}\right)^q \int e^{-M(\frac{x}{n})} |df_q(x)|$$

im Fall $p = \infty$ gegeben.

§ 26. Der Raum Exp K und die Fourier-Borel-Transformation

Es sei ein strikt positiver Vektor $K = (K_1,\dots,K_r)$ gegeben - d.h. $0 < K_i \leq \infty$ für $i = 1,\dots,r$ - und eine von unten gegen K konvergente Vektorfolge $K^{(n)}$ - d.h. $K^{(n)} \to K$ (in R^r),

$$(1) \qquad 0 < K_i^{(n)} < K_i^{(n+1)} < K_i \leq \infty \quad \text{für } i = 1,\dots,r \quad -$$

gegeben. Wir setzen $M_n(z) = \exp(-K_1^{(n)}|z_1| - \dots - K_r^{(n)}|z_r|)$ und definieren:

$$\text{Exp } K = \underset{\to n}{\text{ind}}\, A_\infty(M_n, C^r)$$

Wir zeigen, daß Exp K ein (LS)-Raum ist. Dazu müssen wir die Kompaktheit der Einbettung

$$A_\infty(M_n, C^r) \to A_\infty(M_{n+1}, C^r)$$

nachweisen. Wir benutzen den § 4.2. Satz 2, d.h. wir prüfen die Bedingung (K) nach

$$(K) \qquad \frac{M_{n+1}(z)}{M_n(z)} = \exp\left(-\left[K_1^{(n+1)} - K_1^{(n)}\right]|z_1| - \dots - \left[K_r^{(n+1)} - K_r^{(n)}\right]|z_r|\right) \to 0$$

für $|z| \to \infty$, aufgrund von (1).

Die weiteren Eigenschaften von Exp K - z.B. die Nuklearität - erhält man wie im Falle der W_M^N-Räume des vorigen Paragraphen (§ 25).

Sei D(0,K) der Polykreis um 0 mit dem Radius (-vektor) K. Wir wollen zeigen, daß ein Isomorphismus zwischen

$$H'(D(0,K)) \quad \text{und} \quad \text{Exp } K$$

besteht, nämlich die sogenannte Fourier-Borel-Transformation. Hier ist H'(D(0,K)) der Dualraum zu H(D(0,K)) (siehe § 18), versehen mit der starken Topologie. Die Fourier-Borel-Transformation

$$(2) \qquad \tilde{\mathcal{F}}: H'(D(0,K) \to \text{Exp } K$$

wird definiert durch

$$T \leadsto f(z) = \langle T, e^{\langle z,\zeta\rangle}\rangle_\zeta = \tilde{\mathcal{F}} T ,$$

während die inverse Transformation

$$\tilde{\mathcal{F}}^{-1} : \text{Exp } K \to H'(D(0,K))$$

durch

$$(3) \qquad f \leadsto (P \leadsto \langle f,P\rangle = \sum_p P_p f^{(p)}(0))$$

definiert wird, wobei $P = \sum_p P_p z^p$ ein Polynom ist. Da die Polynome dicht in H(D(0,K)) liegen - siehe § 18.4 - und $\langle f,P\rangle$ stetig in P ist (siehe weiter unten), kann man $\langle f,P\rangle$ eindeutig auf H(D(0,K)) fortsetzen - das so erhaltene Funktional aus H'(D(0,K)) wollen wir T_f nennen - und wir können die Zuordnung (3) auch durch

(4) $$f \rightsquigarrow T_f$$

darstellen.

Um zu zeigen, daß die Fourier-Borel-Transformation ein Isomorphismus ist, zeigen wir, daß (4) einer ist, und daß (4) invers zu (2) ist. Der Beweis basiert auf einer Abschätzung von $f^{(p)}(0)$ ($f \in \operatorname{Exp} K$), die man aus der Cauchyformel erhält. wir haben nämlich für beliebige $R_1,\ldots,R_r > 0$

$$\frac{1}{p!} f^{(p)}(0) = (2i\pi)^{-r} \oint_{|z_1|=R_1} \cdots \oint_{|z_r|=R_r} \frac{f(z)}{z^p} \frac{dz_1}{z_1} \cdots \frac{dz_r}{z_r} ,$$

wobei - wie üblich - $p! = p_1! \ldots p_r!$, $z^p = z_1^{p_1} \ldots z_r^{p_r}$ gesetzt wurde. Obige Cauchyformel ergibt die Cauchysche Ungleichung

(5) $$|f^{(p)}(0)| \leq p!\, R_1^{-p_1} \ldots R_r^{-p_r} \sup_{\substack{|z_1|=R_1 \\ \ldots \\ |z_r|=R_r}} |f(z)| .$$

Da $f \in \operatorname{Exp} K$, gibt es Zahlen $A > 0$, $\varepsilon > 0$ ($\varepsilon < K_j$ für alle $j = 1,\ldots,r$) derart, daß für alle z

(6) $$|f(z)| \leq A \exp\left([K_1-\varepsilon]|z_1|+\ldots+[K_r-\varepsilon]|z_r|\right)$$

gilt.

Aus (5) und (6) erhalten wir

(7) $$|f^{(p)}(0)| \leq Ap!\, R_1^{-p_1} \ldots R_r^{-p_r} \exp\left([K_1-\varepsilon]R_1+\ldots+[K_r-\varepsilon]R_r\right) .$$

Nun wollen wir die R_j so wählen, daß die rechte Seite von (7) minimal wird. Dazu betrachten wir die Funktion von R

$$R^{-\beta} e^{BR}, \text{ wobei } \beta \geq 0,\ B > 0 \text{ ist.}$$

Falls $\beta = 0$ ist, wird das Minimum dieser Funktion für $R = 0$ erreicht und für $\beta > 0$ erhält man das Minimum in $R = {}^{\beta}/_{B}$ und der Minimalwert ist gleich

$$B^{\beta}(e/\beta)^{\beta} .$$

(man erhält dieses Ergebnis durch Nullsetzen der ersten Ableitung). Die Stirlingsche Formel ergibt

$$(e/\beta)^{\beta} \leq A_1(\beta!)^{-1}, \qquad \beta \neq 0,$$

wobei A_1 eine entsprechende Konstante ist. Wir sehen also, daß man in beiden Fällen

$$\inf_{R>0} (R^{-\beta}e^{BR}) \leq A_1 B^{\beta}(\beta!)^{-1} ,$$

hat, wenn A_1 entsprechend groß gewählt wird. Wendet man die letzte Ungleichung auf (7) an, so erhält man

(8) $$|f^{(p)}(0)| \leq A \cdot A_1 (K_1-\varepsilon)^{p_1} \ldots (K_r-\varepsilon)^{p_r} .$$

Die ist die Abschätzung, auf der der weitere Beweis beruht. Sei nun g eine beliebige ganze Funktion. Wir setzen in (5)

$$R_1 = K_1 - \tfrac{\varepsilon}{2}, \ldots , R_r = K_r - \tfrac{\varepsilon}{2},$$

und g statt f; dann erhalten wir

(9) $$\frac{1}{p!}|g^{(p)}(0)| \leq (K_1-\tfrac{\varepsilon}{2})^{-p_1} \ldots (K_r-\tfrac{\varepsilon}{2})^{-p_r} \sup_{\substack{|z_i|=K_i-\frac{\varepsilon}{2} \\ i=1,\ldots,r}} |g(z)| .$$

Sei nun g ein Polynom. Dann haben wir (siehe (3))

$$|\langle f,g\rangle| = |\sum_p \frac{1}{p!} f^{(p)}(0) g^{(p)}(0)| \leq \sum_p |f^p(0)| \frac{1}{p!} |g^{(p)}(0)|$$

und erhalten mit (8) und (9)

(9a) $$|\langle f,g\rangle| \leq A \cdot A_1 \sum_p \theta_1^{p_1} \ldots \theta_r^{p_r} \sup_{z \in D(0,K-\frac{\varepsilon}{2})} |g(z)| ,$$

wobei $\theta_j = (K_j-\varepsilon)/(K_j-\frac{\varepsilon}{2}) < 1$, $j = 1,\ldots,r$, ist. Insgesamt ist also

$$|\langle f,g\rangle| \leq A \cdot A_1 (1-\theta_1)^{-1} \ldots (1-\theta_r)^{-1} \sup_{z \in D(0,K-\frac{\varepsilon}{2})} |g(z)| .$$

Da der Polykreis $D(0,K-\frac{\varepsilon}{2})$ relativ kompakt und in $D(0,K)$ enthalten ist, zeigt die letzte Abschätzung, daß das lineare Funktional (3)

$$P \mapsto \langle f,P\rangle$$

stetig auf dem Raum aller Polynome $\{P\}$ ist, falls dieser Raum die durch $H(D(0,K))$ induzierte Topologie trägt. Weil $\{P\}$ dicht in $H(D(0,K))$ liegt (siehe § 18.4) können wir dieses Funktional in eindeutiger Weise zu einem Funktional T_f auf $H(D(0,K))$ erweitern

$$g \rightsquigarrow \langle T_f,g\rangle ,$$

und wir haben somit die Existenz der Zuordnung (4)

(4) $$f \rightsquigarrow T_f$$

gezeigt. (4) ist offfensichtlich linear; wir zeigen nun, daß (4) eineindeutig ist Sei $T_f = 0$, dann ist auch

$$\langle T_f,P\rangle = \langle f,P\rangle = 0$$

für alle Polynome P. Setzen wir $P = z^p$, d.h. $P_q = 0$ für $q \neq p$ und $P_p = 1$, so haben wir wegen

$$\langle f,P\rangle = \sum_p P_p f^{(p)}(0)$$

$$\langle f,z^p\rangle = f^{(p)}(0) = 0 ,$$

d.h. $f \equiv 0$, da f eine analytische Funktion ist, womit die Eineindeutigkeit gezeigt ist.

Nun zeigen wir, daß (4) eine Abbildung von Exp K auf $H'(D(0,K))$ ist. Sei $T \in H'(D(0,K))$ beliebig; die Restriktion der ganzen Funktion

$$z \rightsquigarrow e^{<z,\zeta>}$$

auf $D(0,K)$ gehört zu $H(D(0,K))$, und es ist deshalb sinnvoll, den Ausdruck

$$<T,e^{<z,\zeta>}>_z$$

zu betrachten. Dieser Ausdruck ist eine Funktion $f(\zeta)$ von $\zeta \in C^r$:

$$f(\zeta) = <T,e^{<z,\zeta>}>_z ,$$

und wir wollen zeigen, daß $f \in$ Exp sowie

$$T = T_f$$

gilt (Surjektivität von (4)) und daß (4) invers zu (2) ist. Die Stetigkeit von T ist gleichbedeutend damit, daß $C > 0$ und $\varepsilon > 0$ mit

(10) $$|<T,h>| \leq C \cdot \sup_{z \in D(0,K-\varepsilon)} |h(z)|, \quad h \text{(beliebig)} \in H(D(0,K))$$

existieren. Wir setzen in (10) $h = z^p$ und erhalten

(11) $$|<T,z^p>| \leq C(K_1-\varepsilon)^{p_1} \dots (K_r-\varepsilon)^{p_r} ,$$

Andererseits konvergiert die Taylorentwicklung von $\exp(<z,\zeta>)$ (als Funktion von z) gegen diese Funktion in $H(C^r)$, also auch in $H(D(0,K))$. Da T stetig ist, bedeutet dies, daß wir

(12) $$f(\zeta) = <T,e^{<z,\zeta>}> = \sum_p \frac{1}{p!} \zeta^p <T,z^p>$$

haben. Wegen (11) konvergiert die Potenzreihe auf der rechten Seite von (12) für alle $\zeta \in C^r$ fast gleichmäßig. Dies bedeutet, daß f eine ganze Funktion ist. Weiter folgt aus (11)

(13) $$|f(\zeta)| \leq C \sum_p \frac{1}{p!}(K_1-\varepsilon)^{p_1} \dots (K_r-\varepsilon)^{p_r}|\zeta^p|$$

$$\leq C \exp([K_1-\varepsilon]|\zeta_1| + \dots + [K_r-\varepsilon]|\zeta_r|) ,$$

d.h. $f \in$ Exp K.

Wir zeigen jetzt, daß $T = T_f$ ist; für ein beliebiges Polynom h folgt aus (12)

$$<T_f,h> = \sum_p \frac{1}{p!} f^{(p)}(0)h^{(p)}(0) = \sum_p \frac{1}{p!} <T,z^p>h^{(p)}(0) = <T,(\sum_p \frac{1}{p!} h^{(p)}(0)z^p)> =$$

$$= <T,h> ,$$

woraus sich nach Erweiterung auf $h \in H(D(0,K))$, $T_f = T$ ergibt.

Zum Abschluß zeigen wir die Stetigkeit von (4) und (2).

Es sei $f \in B$ beschränkt in Exp K. Da Exp K ein (LS)-Raum ist, liegt B schon in einer Stufe und ist dort beschränkt (siehe § 25.2.2. Satz), d.h. in unserem Fall existiert ein $\varepsilon > 0$ und ein $A > 0$ mit

(6) $$|f(z)| \leq A \exp ([K_1-\varepsilon]|z_1| + \dots + [K_r-\varepsilon]|z_r|)$$

für alle $f \in B$. Aus (6) folgt aber, wie wir gezeigt haben,

(9a) $$|\langle f,g\rangle| \leq A \cdot A_1\ C \cdot \sup_{z \in D(0,K-\frac{\varepsilon}{2})} |g(z)|, \quad \text{für} \quad f \in B\ .$$

Bezeichnen wir mit $\mathfrak{U}$ die Nullumgebung $\{g \,|\, \sup_{z \in D(0,K-\frac{\varepsilon}{2})} |g(z)| \leq 1\}$ von $H(D(0,K))$, so haben wir nach Erweiterung auf $g \in H(D(0,K))$

(14) $$|\langle T_f,g\rangle| \leq M < \infty \quad \text{für} \quad f \in B \quad \text{und} \quad g \in \mathfrak{U}.$$

Nach § 13.3.2. Satz bedeutet (14), daß die Menge

$$\{T_f \in H'(D(0,K)) \,|\, f \in B\}$$

beschränkt in H'(D(0,K)) ist. Weil Exp K als (LS)-Raum bornologisch ist (siehe E § 23.2.9. Satz) haben wir damit die Stetigkeit von (4) bewiesen.

Sei nun umgekehrt B beschränkt in H'(D(0,K)); H(D(0,K)) ist ein (F$\overline{\text{S}}$)-Raum (§ 18.1.), woraus folgt (siehe E § 26.2.4. Satz), daß H'(D(0,K)) ein (LS)-Raum, also nach E § 23.2.9. Satz bornologisch und tonneliert ist. Die Tonneliertheit von H'(D(0,K)) bedeutet, daß die Anwendungsbedingungen von E § 13.3.2. Satz erfüllt sind, d.h. es existiert eine Nullumgebung $\mathfrak{U} = \{h \,|\, \sup_{z \in D(0,K-\varepsilon)} |h(z)| \leq 1\}$ und ein $C > 0$ mit

(15) $$|\langle T,h\rangle| \leq C < \infty \quad \text{für} \quad T \in B,\ h \in \mathfrak{U}.$$

(15) können wir auchschreiben

(10) $$|\langle T,h\rangle| \leq C \cdot \sup_{z \in D(0,K-\varepsilon)} |h(z)|\ , \quad T \in B,$$

wobei die Konstante C unabhängig von T ist. Nun folgt aber, wie wir schon wissen, aus (10) die Ungleichung (13)

(13) $$|(\mathcal{F}T)(\zeta)| \leq C \exp ([K_1-\varepsilon]|\zeta_1|+\dots+[K_r-\varepsilon]|\zeta_r|)$$

für alle $\mathcal{F}T = \langle T,e^{\langle z,\zeta\rangle}\rangle_z$, $T \in B$.

(13) bedeutet aber, daß das Bild $\mathcal{F}T$, $T \in B$ in einer Stufe von Exp K enthalten und dort beschränkt ist. Weil H'(D(0,K)) bornologisch ist, haben wir somit auch die Stetigkeit von (2) erhalten. //

§ 27. Die Randverteilungen von Köthe [2] und Tillmann [1]

1. Definition und (LS)-Eigenschaft. Wir wollen hier nur eindimensionale ($r = 1$) Randverteilungen behandeln; der Übergang zu mehrdimensionalen kompliziert nur die Schreibweise und gibt keine grundsätzlich neuen Einsichten.

Sei L eine abgeschlossene Untermenge der Riemannschen Zahlenkugel Ω; eine Funktion ϕ nennen wir lokalanalytisch auf L, falls sie holomorph auf einer Umgebung G von L ist und die Eigenschaft $\phi(\infty) = 0$ hat (dies setzen wir voraus, damit die Cauchyformel auch für Bereiche gilt, die den Punkt ∞ enthalten). $\mathfrak{A}(L)$ sei die Menge aller lokalanalytischen Funktionen auf L. Wir wollen nur solche L zulassen, die ein abzählbares Umgebungssystem $\{G_k\}$ besitzen ($G_k \supset G_{k+1}$, $\bigcap_k G_k = L$) mit den Eigenschaften:

1. Der Rand von G_k besteht aus endlich vielen rektifizierbaren Kurven C_k endlicher Länge (dabei wird als Metrik nicht die kompakte von Ω, sondern die euklidische Metrik von $C^1 = \Omega \setminus \{\infty\}$ zugrunde gelegt), und ∞ liegt nicht auf dem Rand von G_k.
2. Die Abstände $d(G_{k+1}, CG_k)$ sind positiv

$$d(G_{k+1}, CG_k) > 0.$$

Diese Voraussetzungen sind z.B. erfüllt im Falle der Randverteilung von Köthe [2]; hier ist nämlich L eine endliche, einfach geschlossene Jordankurve, wie auch im Falle der Randverteilungen von Tillmann [1], wo L eine einfach geschlossene Jordankurve in der geschlossenen Zahlenebene Ω ist (nicht notwendig endlich!), also speziell für

$$L = \overline{R} \quad \text{(kompaktifizierte reelle Zahlenachse).}$$

Dabei ist zu berücksichtigen, daß wir unter den Umgebungen von $\{\infty\}$ die Mengen $\complement K(0,R)$ verstehen.

Man stellt leicht fest, daß $\mathfrak{A}(L)$ ein linearer Raum ist. Wir setzen die (lokalkonvexe) Topologie von $\mathfrak{A}(L)$ durch

$$\mathfrak{A}(L) = \operatorname{ind}_{\to k} A^0_\infty(1, \overline{G}_k)$$

fest. Dabei verlangen wir von den Funktionen ϕ aus $A^0_\infty(1, \overline{G}_k)$, daß sie stetig auf dem Rand C_k von G_k sind, und daß $\phi(\infty) = 0$ gilt, falls $\infty \in G_k$ ist. Das induktive Spektrum für $\mathfrak{A}(L)$ hat also die Form

$$A^0_\infty(1, \overline{G}_1) \to A^0_\infty(1, \overline{G}_2) \to A^0_\infty(1, \overline{G}_3) \to \dots ;$$

wir wollen zeigen, daß es kompakt ist. Falls die Bereiche G_k relativ kompakt in C^1 sind, folgt die Kompaktheit von

$$(1) \qquad A^0_\infty(1, \overline{G}_k) \to A^0_\infty(1, \overline{G}_{k+1})$$

sofort aus § 4.2. Satz 1; im Falle $\infty \in G_k$ müssen wir, um die Kompaktheit von (1) zu erhalten, den Beweis von § 4.2. Satz 1 ein wenig modifizieren.

Sei $E = \{\phi \mid ||\phi||_k \leq 1\}$ die Einheitskugel von $A^{\circ}_{\infty}(1,\overline{G}_k)$. Die Funktionen aus E sind beschränkt auf dem Rand C_{k+1} von G_{k+1} (der Rand C_{k+1} ist wegen 1. kompakt!) und wie beim Beweis von § 4.2. Satz 1 ($d(G_{k+1}, CG_k) > 0$!) sieht man die Gleichstetigkeit von E auf C_{k+1} ein. Damit ist nach dem Satz von Ascoli-Arzelà die Menge E relativ kompakt in $C(C_{k+1})$ (= Raum der stetigen Funktionen auf C_{k+1}), d.h. zu jeder Folge $\{\phi_n\}$ E existiert eine Teilfolge $\{\phi_{m_n}\}$ mit

$$(2) \qquad \phi_{m_n} \to \phi \quad \text{gleichmäßig auf} \quad C_{k+1} .$$

Aufgrund der Cauchyformel $\phi_{m_n}(z) = \frac{1}{2\pi i} \int_{C_{k+1}} \frac{\phi_{m_n}(\zeta)}{\zeta - z} d\zeta$ gehört ϕ auch zu $A^{\circ}_{\infty}(1,\overline{G}_{k+1})$. Aus

$$\max_{z \in C_{k+1}} |\phi_{m_n}(z) - \phi(z)| = \sup_{z \in G_{k+1}} |\phi_{m_n}(z) - \phi(z)| =$$

$$= ||\phi_{m_n} - \phi||_{k+1} \qquad \text{(Maximumprinzip!)}$$

ersieht man, daß (2) auch die Konvergenz von $\phi_{m_n} \to \phi$ in $A^{\circ}_{\infty}(1,\overline{G}_{k+1})$ bedeutet, d.h. E ist auch relativ kompakt in $A^{\circ}_{\infty}(1,\overline{G}_{k+1})$. //

$\mathfrak{A}(L)$ ist also ein (LS)-Raum und wir können die allgemeinen Sätze aus E §§ 25, 26 anwenden.

2. Operationen auf $\mathfrak{A}(L)$. Als Multiplikatoren von $\mathfrak{A}(L)$ kommen in einer Umgebung von L definierte und beschränkte, holomorphe Funktionen f in Frage, speziell also Funktionen aus $\mathfrak{A}(L)$, denn für sie ist nach § 6.2. Satz

$$f\cdot : A^{\circ}_{\infty}(1,\overline{G}_k) \to A^{\circ}_{\infty}(1,\overline{G}_k), \qquad k \geq K_0$$

stetig; hieraus folgt die Stetigkeit (des Kommutativen) Diagramms

$$\begin{array}{ccccc} & A^{\circ}_{\infty}(1,\overline{G}_k) & \to & A^{\circ}_{\infty}(1,\overline{G}_{k+1}) & \to \dots \\ f\cdot : & \downarrow & & \downarrow & \\ & A^{\circ}_{\infty}(1,\overline{G}_k) & \to & A^{\circ}_{\infty}(1,\overline{G}_{k+1}) & \to \dots . \end{array}$$

Damit haben wir nach E § 6.2.6. Satz die Stetigkeit von

$$f\cdot : \mathfrak{A}(L) \to \mathfrak{A}(L)$$

bewiesen.

Um die Stetigkeit der komplexen Differentiation $\frac{\partial}{\partial z}$ auf $\mathfrak{A}(L)$ einzusehen, benutzen wir den § 7.2. Satz, überdecken dazu G_{k+1} mit Kreisen $K(z,\frac{d}{2})$, $z \in G_{k+1}$ $d = d(G_{k+1}, \complement G_k) > 0$ (siehe Voraussetzung 2!) und sehen, daß die Bedingung (D) von § 7.2. Satz erfüllt ist, d.h.

$$\frac{\partial}{\partial z} : A^{\circ}_{\infty}(1,\overline{G}_k) \to A^{\circ}_{\infty}(1,\overline{G}_{k+1})$$

ist stetig, was wegen des Diagramms

$$\frac{\partial}{\partial z} : \begin{array}{ccccc} A_\infty^o(1,\overline{G}_1) & \to & A_\infty^o(1,\overline{G}_2) & \to & \dots \\ \downarrow & & \downarrow & & \\ A_\infty^o(1,\overline{G}_2) & \to & A_\infty^o(1,\overline{G}_3) & \to & \dots \end{array}$$

die Stetigkeit von

$$\frac{\partial}{\partial z} : \mathfrak{A}(L) \to \mathfrak{A}(L)$$

bedeutet.

3. Äquivalente Darstellungen und Nuklearität von $\mathfrak{A}(L)$. Um äquivalente Darstellungen und die Nuklearität von $\mathfrak{A}(L)$ zu gewinnen, müssen wir etwas anders als bisher vorgehen.

Des Maximumprinzips wegèn haben wir

$$\sup_{z \in G_k} |\phi(z)| = \max_{z \in C_k} |\phi(z)| . \tag{3}$$

Nehmen wir den letzten Ausdruck als Norm in $A_\infty^o(1,\overline{G}_k)$, so erhalten wir den Raum $\tilde{A}_\infty(C_k)$ und (3) bedeutet dann

$$\tilde{A}_\infty(C_k) \equiv A_\infty^o(1,\overline{G}_k) .$$

Wir wollen nun die Räume $\tilde{A}_p(C_k)$ für $1 \leq p < \infty$ definieren. $A_p(C_k)$ ist der Raum aller lokalanalytischen Funktionen ϕ auf G_k ($\phi(\infty) = 0$, falls $\infty \in G_k$), die stetig auf $\overline{G}_k$ sind, mit der Norm

$$||\phi||_{A_p(C_k)} = \left[\int_{C_k} |\phi(\zeta)|^p d\zeta\right]^{1/p} < \infty.$$

Es ist

$$A_p(C_k) \subset L_p(C_k, ds) ,$$

denn aus $\phi_1 \neq \phi_2$ und $\phi_1, \phi_2 \in A_p(C_k)$ folgt $\phi_1(\zeta) \neq \phi_2(\zeta)$ für $\zeta \in C_k$ (hätten wir $\phi_1(\xi) = \phi_2(\xi)$ auf C_k, so hätten wir nach der Cauchyformel $\phi(z) = \frac{1}{2\pi i} \int_{C_k} \frac{\phi(\zeta)}{z-\zeta} d\zeta$ auch $\phi_1 = \phi_2$ in G_k!). Wir definieren nun $\tilde{A}_p(C_k)$ als die abgeschlossene Hülle von $A_p(C_k)$ in $L_p(C_k, ds)$, und aus der Vollständigkeit von L_p folgt sofort die Vollständigkeit von $\tilde{A}_p(C_k)$; speziell ist $\tilde{A}_2(C_k)$ ein Hilbertraum mit dem Skalarprodukt $(\phi,\psi) = \int_{C_k} \phi(\zeta)\overline{\psi}(\zeta)d\zeta$. Wie wir sofort zeigen werden, können wir die Elemente von $\tilde{A}_p(C_k)$ wieder als lokalanalytische Funktionen ϕ auffassen, für welche die Cauchyformel

$$\phi(z) = \frac{1}{2\pi i} \int_{C_k} \frac{\phi(\zeta)}{\zeta - z} d\zeta, \quad z \in G_k$$

gilt, wobei wir ungeklärt lassen, ob - und in welchem Sinne - die Funktion $\phi(\zeta) \in L_p(C_k)$ "Randwert" von $\phi(z)$, $z \in G_k$ ist.

Sei $\phi_o \in L_p(C_k)$, $\phi_n \in A_p(C_k)$ und

$$\phi_n \to \phi_o \quad \text{in } L_p(C_k) .$$

Für $z \in G_{k,d} = \{z | z \in G_k, d(z,C_k) \geq d_o\}$ haben wir (gleichmäßig auf $G_{k,d}$)

$$\left|\frac{1}{2\pi i}\int_{C_k} \frac{\phi_n(\zeta)}{\zeta-z}\,d\zeta - \frac{1}{2\pi i}\int_{C_k}\frac{\phi_o(\zeta)}{\zeta-z}\,d\zeta\right| \leq \frac{1}{2\pi}\left[\int_{C_k} |\phi_n(\zeta)-\phi_o(\zeta)|^p d\zeta\right]^{1/p} \cdot \left[\int_{C_k} \frac{d\zeta}{|\zeta-z|^{p'}}\right]^{1/p'} \leq$$

$$\leq \frac{1}{2\pi} ||\phi_n - \phi_o||_p \left|\frac{\ell(C_k)}{d_o^{p'}}\right|^{1/p'} \leq \varepsilon \quad .$$

(Die Existenz von $\int_{C_k} \frac{\phi_o(\zeta)}{\zeta-z}\,d\zeta$ folgt aus derselben Abschätzung.) Damit ist nach dem Satz von Weierstraß die Funktion $\phi_o(z) = \frac{1}{2\pi i}\int_{C_k}\frac{\phi_o(\zeta)}{\zeta-z}\,d\zeta$ holomorph in G_k und für sie gilt die Cauchyformel. Außerdem folgt $\phi_o(\infty) = 0$, falls $\infty \in G_k$ ist.

Nun wollen wir zeigen, daß die Einbettungen

(4) $$A_\infty^o(1,\overline{G}_k) \to \tilde{A}_p(C_k)$$

und

(5) $$\tilde{A}_p(C_k) \to A_\infty^o(1,\overline{G}_{k+1})$$

stetig sind.

Da die endliche Kurve C_k der Rand von $\overline{G}_k$ ist, haben wir nach dem Maximumprinzip für $\phi \in A_\infty^o(1,\overline{G}_k)$:

$$\left[\int_{C_k} |\phi(\zeta)|^p d\zeta\right]^{1/p} \leq \max_{\zeta \in C_k} |\phi(\zeta)| \cdot (\ell(C_k))^{1/p} = c \max_{\zeta \in \overline{G}_k} |\phi(\zeta)| ,$$

womit (4) bewiesen ist. Ähnlich erhalten wir mit der Cauchyformel für $\phi \in \tilde{A}_p(C_k)$ und $z \in \overline{G}_{k+1}$:

(6) $$|\phi(z)| \leq \frac{1}{2\pi}\int_{C_k}\left|\frac{\phi(\zeta)}{\zeta-z}\right| d\zeta \leq \frac{1}{2\pi}\left[\int_{C_k}|\phi(\zeta)|^p d\zeta\right]^{1/p}\left[\int_{C_k}\frac{d\zeta}{|\zeta-z|^{p'}}\right]^{1/p} \leq$$
$$\leq \frac{1}{2\pi} ||\phi||_p \cdot \frac{|\ell(C_k)|^{1/p'}}{d} ,$$

wobei $d = d(\overline{G}_{k+1}, C_k) = d(\overline{G}_{k+1}, \complement G_k) > 0$ ist.

Aus (6) folgt

$$\max_{z \in \overline{G}_{k+1}} |\phi(z)| \leq c \cdot ||\phi||_p ,$$

d.h. wir haben (5) bewiesen.

Die Abschätzung (6) können wir benutzen um zu zeigen, daß die Einbettung

(7) $$I : \tilde{A}_2(C_k) \to \tilde{A}_2(C_{k+1})$$

Hilbert-Schmidtsch ist. (6) bedeutet nämlich (siehe E § 20.2.1.), daß I aus (7) einen reproduzierenden Kern $K_I(z)$ besitzt, für den die Abschätzung

$$||K_I(\zeta)||_{\tilde{A}_2(C_k)} \leq \frac{|\ell(C_k)|^{1/2}}{2\pi d}\ , \quad \zeta \in C_{k+1},\ d = d(\overline{G}_{k+1}, C_k) = d(C_{k+1}, C_k) > 0$$

gilt (C_{k+1} liegt in $\overline{G}_{k+1}$!).

Da die Norm auf $\tilde{A}_2(C_{k+1})$ eine Operatorennorm im Sinne von E § 20.2.4. ist, können wir das dort angegebene Kriterium für die Hilbert-Schmidteigenschaft anwenden:

$$\int_{C_{k+1}} ||K_I(\zeta)||^2_{\tilde{A}_2(C_k)} d\zeta \leq \frac{\ell(C_k)\ell(C_{k+1})}{(2\pi d)^2} < \infty .$$

Damit ist (7) vom Typus H.S.

(4) und (5) ergeben die Fakorisation

$$\text{(8)} \qquad \begin{array}{ccccccc} A^{o}_{\infty}(1,\overline{G}_1) & \longrightarrow & A^{o}_{\infty}(1,\overline{G}_2) & \longrightarrow & A^{o}_{\infty}(1,\overline{G}_3) & \longrightarrow & \cdots \\ \downarrow & \nearrow & \downarrow & \nearrow & \downarrow & \nearrow & \\ \tilde{A}_p(C_1) & & \tilde{A}_p(C_2) & & \tilde{A}_p(C_3) & & \end{array}$$

d.h. nach E § 6.2.8. Satz, die Äquivalenz (für $1 \leq p < \infty$)

$$\text{(9)} \qquad \mathfrak{A}(L) = \operatorname*{ind}_{\to k} A^{o}_{\infty}(1,\overline{G}_k) \cong \operatorname*{ind}_{\to k} \tilde{A}_p(C_k) .$$

(7) und (8) ergeben, daß die Abbildungen

$$A^{o}_{\infty}(1,\overline{G}_k) \to A^{o}_{\infty}(1,\overline{G}_{k+3})$$

nuklear sind; damit ist $\mathfrak{A}(L)$ ein (LN)-Raum, also nach E § 27.3.8. Satz nuklear im Sinne von Grothendieck.

<u>4. Der Dualraum von $\mathfrak{A}(L)$.</u> Für die Darstellung des zu $\mathfrak{A}(L)$ dualen Raums benötigen wir den Raum $\mathcal{O}(G)$, G eine offene Teilmenge der Riemannschen Zahlenkugel Ω:

$\mathcal{O}(G)$ ist der Unterraum von H(G) (siehe § 18) aller Funktionen $\phi \in H(G)$ mit $\phi(\infty) = 0$, falls $\infty \in G$ ist. Die Eigenschaften von $\mathcal{O}(G)$ liest man an den Eigenschaften von H(G) ab.

Den Raum $\mathcal{O}(G)$ kann man auch dadurch definieren, daß man eine Ausschöpfung $\overline{G}_k$ (abgeschlossen, nicht notwendig kompakt) von G wählt und

$$\mathcal{O}(G) = \operatorname*{proj}_{\leftarrow k} A^{o}_{\infty}(1,\overline{G}_k),$$

setzt, (A^{o}_{∞} bedeutet, daß wir nur holomorphe Funktionen $\phi \in A_{\infty}(1,G_k)$ mit $\phi(\infty) = 0$, falls $\infty \in \overline{G}_k$, nehmen, die stetig auf $\overline{G}_k$ sind.)

Weil $\mathfrak{A}(L)$ ein (LS)-Raum ist, folgt aus (9) für den Dualraum

$$\text{(10)} \qquad \mathfrak{A}'(L) = \operatorname*{proj}_{\leftarrow k} A^{o\prime}_{\infty}(1,\overline{G}_k) = \operatorname*{proj}_{\leftarrow k} \tilde{A}'_p(C_k) ,$$

mengentheoretisch und topologisch. Wir wollen hier zeigen (Satz 2), daß auch

$$\mathfrak{A}(L) = \mathfrak{A}(\complement L)$$

gilt und gehen dazu von der durch (10) gegebenen Darstellung (mit p = 1)

$$\mathfrak{A}'(L) = \operatorname*{proj}_{\leftarrow k} A_1'(C_k) .$$

aus.

Wir wollen eine Darstellungsformel für diejenigen Funktionale $f \in \tilde{A}_1'(C_k)$ angeben, die auch auf $\tilde{A}_1(C_{k+1})$ stetig sind. Dies genügt für unsere Zwecke, suchen wir doch eine Darstellung der Funktionale aus $\mathfrak{A}'(L)$, d.h. derjenigen Funktionale f, die auf <u>allen</u> $\tilde{A}_1(C_k)$ stetig sind. Zuerst ein

<u>Lemma:</u> Wenn die Kurve C_k eine endliche Länge hat (Voraussetzung 1. !), dann ist

$$L_\infty(C_k,ds) \overset{\to}{\subset} L_1(C_k,ds)$$

stetig.

Der Beweis ergibt sich einfach aus

$$||f||_1 = \int_{C_k} |f(s)|ds \le \sup_{s\in C_k} |f(s)|\cdot \ell(C_k) = \ell(C_k)\cdot||f||_\infty .$$

<u>Satz 1.</u> Es sei f ein stetiges Funktional auf $\tilde{A}_1(C_k)$, das auch stetig auf $\tilde{A}_1(C_{k+1})$ ist. Dann besitzt $<f,\phi>$ die Darstellung

$$(11) \qquad <f,\phi> = \frac{1}{2\pi i}\int_{C_k} \phi(\zeta)\tilde{f}(\zeta)d\zeta , \qquad \phi\in\tilde{A}_1(C_k) ,$$

wobei die Funktion

$$(12) \qquad \tilde{f}(\zeta) = <f, \frac{1}{\zeta-z}>_z$$

lokalanalytisch auf $\complement G_k$ ist, und für die Norm von f (wie wollen sie mit dem Index k versehen, um die Abhängigkeit von $\tilde{A}_1'(C_k)$ zu unterstreichen) gilt

$$(13) \qquad ||f|| = ||f||_k \le \frac{1}{2\pi}\sup_{\zeta\in C_k} |\tilde{f}(\zeta)| = \frac{1}{2\pi}\sup_{\zeta\in\complement G_k} |\tilde{f}(\zeta)| .$$

Beweis. Sei $\phi\in\tilde{A}_1(C_k)$; dann haben wir (siehe Seite 111)

$$(14) \qquad \phi(z) = \frac{1}{2\pi i}\int_{C_k}\frac{\phi(\zeta)}{\zeta-z}d\zeta = \frac{1}{2\pi i}\lim_{\Delta\to 0}\sum_\nu \phi(\zeta_\nu)\frac{1}{\zeta_\nu-z}\Delta\zeta_\nu ,$$

wobei die Zerlegungssummen für $z\in\overline{G}_{k+1}$, also insbesondere auch für $z\in C^{k+1}$ gleichmäßig konvergieren ($d(\overline{G}_{k+1}, \complement G_k) > 0$!). Nach dem Lemma findet die Konvergenz (14) auch in $L_1(C_{k+1},ds)$ statt. Andererseits liegen die Elemente ϕ, $\phi(\zeta_\nu)\frac{1}{\zeta_\nu-z}\Delta\zeta_\nu$ auch in $\tilde{A}_1(C_{k+1}) \subset L_1(C_{k+1},ds)$; dies bedeutet, daß (14) schon in $\tilde{A}_1(C_{k+1})$ konvergiert. Sei nun $f\in\tilde{A}_1'(C_k)\cap\tilde{A}_1'(C_{k+1})$. Dann folgt aus (14)

$$(15) \qquad <f,\phi> = <f,\frac{1}{2\pi i}\lim_{\Delta\to 0}\sum_\nu \phi(\zeta_\nu)\frac{1}{\zeta_\nu-z}\Delta\zeta_\nu> = \frac{1}{2\pi i}\lim_{\Delta\to 0}\sum_\nu \phi(\zeta_\nu)<f,\frac{1}{\zeta_\nu-z}>\Delta\zeta_\nu =$$

$$= \frac{1}{2\pi i}\int_{C_k}\phi(\zeta)\tilde{f}(\zeta)d\zeta ,$$

wobei wir $\tilde{f}(\zeta) = \langle f, \frac{1}{\zeta - z}\rangle$ gesetzt haben (das ist sinnvoll, da die Funktion $\frac{1}{\zeta-z}$ für $\zeta \in C_k$ zu $\tilde{A}_1(C_{k+1})$ gehört). Damit haben wir (11) bewiesen. Wir wollen nun zeigen, daß die Funktion $f(\zeta)$ lokalanalytisch auf $\complement\, G_k$ ist.

Wegen $z \in C_{k+1}$ existiert der Grenzwert

(16)
$$\frac{d}{d\zeta}\frac{1}{\zeta-z} = \lim_{h\to o}\frac{1}{h}\left(\frac{1}{\zeta+h-z}-\frac{1}{\zeta-z}\right) = \frac{-1}{(\zeta-z)^2}$$

gleichmäßig in einer kleinen Umgebung von $\complement\, G_k \supset C_k$, und aus dem Lemma folgt wie vorhin bei (14) → (15), daß man den Grenzwert in (16) auch im Raume $\tilde{A}_1(C_k)$ interpretieren kann. Wir haben damit die Existenz von

$$\frac{d}{d\zeta}\tilde{f}(\zeta) = \lim_{h\to o}\frac{1}{h}(\tilde{f}(\zeta+h)-f(\zeta)) = \langle f, \lim_{h\to o}\frac{1}{h}\left(\frac{1}{\zeta+h-z}-\frac{1}{\zeta-z}\right) =$$
$$= \langle f, \frac{-1}{(\zeta-z)^2}\rangle$$

in einer kleinen Umgebung von $\complement\, G_k$ gezeigt. (12) ist somit lokalanalytisch auf $\complement\, G_k$. (Auch die Eigenschaft $\tilde{f}(\infty) = 0$ beweist man dadurch, daß man zeigt, daß $\lim_{\zeta\to\infty}\frac{1}{\zeta-z} = 0$ gleichmäßig auf $\complement\, G_k \supset C_k$ gilt).

Aus (11) erhält man die Abschätzung

(17)
$$|\langle f,\phi\rangle| \le \frac{1}{2\pi}\sup_{\zeta\in C_k}|\tilde{f}(\zeta)|\cdot\int_{C_k}|\phi(\zeta)|d\zeta = \frac{1}{2\pi}\sup_{\zeta\in C_k}|\tilde{f}(\zeta)|\cdot||\phi||_1 ,$$

woraus nach dem Maximumprinzip (13) folgt. //

Nun sei $f \in \mathfrak{A}'(L) \cong \operatorname{proj}_{\leftarrow k} \tilde{A}_1'(C_k)$; dann ist f stetig auf allen $\tilde{A}_1(C_k)$, $k = 1,2,\ldots$ und wir haben nach Satz 1 die Darstellung

(18)
$$\langle f,\phi\rangle = \frac{1}{2\pi i}\int_{C_k}\phi(\zeta)\tilde{f}(\zeta)d\zeta$$

mit $\tilde{f}(\xi) = \langle f, \frac{1}{\zeta-z}\rangle$. Variiert man im Beweis von Satz 1 den Index k, so sieht man, daß $\tilde{f}(\zeta)$ holomorph in $\complement\, L$ und $\tilde{f}(\infty) = 0$ erfüllt ist, d.h. es ist

$$\tilde{f} \in \mathcal{O}(\complement\, L) .$$

<u>Satz 2.</u> Die Zuordnung

(19)
$$\begin{array}{ccc} f & \rightsquigarrow & \tilde{f} \\ \cap & & \cap \\ \mathfrak{A}'(L) & \to & \mathcal{O}(C\, L) \end{array}$$

ist ein Isomorphismus.

Beweis. 1. Die Zuordnung (19) ist eineindeutig, denn aus $\tilde{f} = 0$ folgt wegen (18) $f = 0$.

2. Die Zuordnung (19) ist epimorph (<u>auf</u>), denn für $g \in \mathcal{O}(C\, L)$ ist wegen der Abschätzung (17)

$$\langle f_g,\phi\rangle = \frac{1}{2\pi i}\int_{C_k} \phi(\zeta)g(\zeta)d\zeta$$

ein stetiges Funktional auf $\mathfrak{A}(L)$, und wir haben nach der Cauchyformel

$$\tilde{f}_g(\zeta) = \langle f_g, \frac{1}{\zeta-z}\rangle = \frac{1}{2\pi i}\int_{C_k} \frac{g(z)}{\zeta-z}\,dz = g(\zeta)\ .$$

3. Stetigkeit. Wir bemerken, daß die Mengen $C\ G_k$ eine Ausschöpfung von $C\ L$ darstellen, d.h.

$$\mathfrak{A}(\complement L) = \operatorname{proj}_{\leftarrow k} A_\infty^0(1, C\ G_k) \qquad \text{(siehe S. 113)}$$

ist ein (F)-Raum mit den Normen

$$\sup_{z\in CG_k} |\tilde{f}(z)|\ ,$$

und (13) bedeutet damit die Stetigkeit der zu (19) inversen Abbildung. Da auch

$$\mathfrak{A}'(L) \cong \operatorname{proj}_{\leftarrow k} \tilde{A}_1'(C_k)$$

ein (F)-Raum ist, können wir den Homomorphiesatz von Banach (E § 7.1.2) anwenden und erhalten mit ihm auch die Stetigkeit von (19). //

§ 28. Der Grundraum $\mathfrak{A}_\omega$ von Sebastião e Silva [1], [2] und die Laplace-Transformation

1. Definition und (LS)-Eigenschaft von $\mathfrak{A}_\omega$. Sei E_k die komplexe Halbebene $\operatorname{Re} z \geq k$, $k = 0,1,2,\dots$, und $A_\infty(|z|^{-k},E_k) = \mathfrak{A}_k$ der Banachraum aller auf $\operatorname{Re} z > k$ holomorphen Funktionen $\phi(z)$ für die $\frac{\phi(z)}{z^k}$ auf E_k stetig und beschränkt ist (Norm $||\phi||_k = \sup_{z\in E_k}\left|\frac{\phi(z)}{z^k}\right| < \infty$). Wir definieren

$$\mathfrak{A}_\omega = \operatorname{ind}_{\rightarrow k} A_\infty(|z|^{-k},E_k) = \operatorname{ind}_{\rightarrow k} \mathfrak{A}_k.$$

Nach § 4.2. Satz 2 sind die Einbettungen

$$A_\infty(|z|^{-k},E_k) \rightarrow A_\infty(|z|^{-(k+1)},E_{k+1})$$

kompakt: wir brauchen dort nur $S_n = K((k+1,0),n)\cap E_{k+1}$ zu setzen. (Der Mittelpunkt des Kreises K ist $(k+1,0)$) und sehen dann, daß

(K) $$\frac{M_2(z)}{M_1(z)} = \frac{|z|^k}{|z|^{k+1}} = \frac{1}{|z|} \rightarrow 0 \quad \text{für} \quad |z| \rightarrow \infty$$

erfüllt ist.

Damit ist der Raum $\mathfrak{A}_\omega$ ein (LS)-Raum.

2. Operationen auf $\mathfrak{A}_\omega$. Der Raum $\mathfrak{A}_\omega$ ist sein eigener Multiplikatorenraum, d.h. $\mathfrak{A}_\omega$ ist eine topologische Algebra. Sei $f \in \mathfrak{A}_\omega$, dann haben wir $|f(z)| \leq C|z|^{k_0}$ auf E_{k_0}, und nach § 6.2. Satz ist die Multiplikation

$$f\cdot \; : \mathfrak{A}_k \to \mathfrak{A}_{k+k_0} \qquad \text{für } k \geq k_0 \text{ stetig,}$$

d.h. (der bekannte Weg über das Spektrum) auch

$$f \; : \mathfrak{A}_\omega \to \mathfrak{A}_\omega \qquad \text{ist stetig.}$$

Speziell sind alle Polynome P Muliplikatoren, da $P \in \mathfrak{A}_\omega$, wie man leicht nachprüft.

Um die Stetigkeit der Differentiation

$$\frac{\partial}{\partial z} : \mathfrak{A}_k \to \mathfrak{A}_{k+1} \,,$$

einzusehen (nach § 7.2. Satz), überdecken wir E_{k+1} mit Kreisen $K(z,1), z \in E_{k+1}$ und schätzen für $z \in E_{k+1}, w \in K(z,1)$ ab

$$(1) \qquad \frac{|w|^k}{|z|^{k+1}} \leq \frac{(|z|+1)^k}{|z|^{k+1}} \leq \frac{1}{k+1}\left(1+\frac{1}{k+1}\right)^k < \infty \,.$$

Damit ist auch (über das Spektrum)

$$\frac{\partial}{\partial z} : \mathfrak{A}_\omega \to \mathfrak{A}_\omega \qquad \text{stetig.}$$

3. Nuklearität von $\mathfrak{A}_\omega$. Die Abschätzung (1) zeigt auch, daß die Einbettung

$$A_p(|z|^{-k}, E_k) \to A_\infty(|z|^{-(k+1)}, E_{k+1})$$

stetig ist, während aus

$$(2) \qquad \int_{E_{k+3}} \left(\frac{|z|^k}{|z|^{k+3}}\right)^p dz = \int_{E_{k+3}} \frac{1}{|z|^{3p}}\, dz$$

folgt, daß auch

$$A_\infty(|z|^{-k}, E_k) \to A_p(|z|^{-(k+3)}, E_{k+3})$$

stetig ist (für p = 2 kommt man mit der Schrittweite 2 aus). Das bedeutet, daß man folgendermaßen faktorisieren kann

$$(3) \qquad \begin{array}{ccccccc} A_\infty(\,,E_1) & \to & A_\infty(\,,E_5) & \to & A_\infty(\,,E_9) & \to & \dots \\ & \searrow \; \nearrow & & \searrow \; \nearrow & & & \\ & A_p(\,,E_4) & & A_p(\,,E_8) & & & \end{array}$$

d.h. wir haben die äquivalente Darstellung

(4) $$\mathfrak{A}_\omega = \operatorname{ind}_{\to k} \mathfrak{A}_k \cong \operatorname{ind}_{\to k} A_p(|z|^{-k}, E_k).$$

Andererseits bedeuten nach § 5.2. Satz die Abschätzungen (1) und (2), daß die Einbettung

$$A_2(\,,E_k) \to A_2(\,,E_{k+3})$$

Hilbert-Schmidtsch ist; wegen (4) und E § 27.3.8. Satz bedeutet dies die Nuklearität von $\mathfrak{A}_\omega$.

<u>4. Der Dualraum von $\mathfrak{A}_\omega$.</u> Für die Darstellung des Dualraumes von $\mathfrak{A}_\omega$ benötigen wir auf $\mathfrak{A}_\omega$ ein weiteres äquivalentes Normensysten, Sei C_k die Gerade Re $z = k$ (der Rand von E_k) und sei $A_1(|z|^{-k}, C_k)$ der Raum aller auf Re $z > k$ holomorphen und auf E_k stetigen Funktionen ϕ, für die $\frac{\phi(z)}{z^k}$ gegen Null geht, falls $|z| \to \infty$. Außerdem sei $\frac{\phi(\zeta)}{\zeta^k}$ absolut integrierbar auf C_k. Wir erklären die Norm durch

$$||\phi||_{C_k} = \int_{C_k} \frac{|\phi(\zeta)|}{|\zeta|^k} d\zeta < \infty .$$

Ähnlich wie in § 27.3 sieht man, daß

(*) $$\tilde{A}_1(|z|^{-k}, C_k) \overset{\to}{\subset} L_1(C_k, |\zeta|^{-k} d\zeta)$$

ist.

Wir zeigen die Äquivalenz der beiden Spektren

$$\{\tilde{A}_1(|z|^{-k}, C_k)\} \quad \text{und} \quad \{A_\infty(|z|^{-k}, E_k)\}.$$

Für $\phi \in \mathfrak{A}_k$ haben wir

$$\int_{C_k} \frac{|\phi(\zeta)|}{|\zeta|^{k+2}} d\zeta = \int_{C_{k+2}} \frac{|\phi(\zeta)|\, d\zeta}{|\zeta|^{k+2}} \le \sup_{z \in E_k} \frac{|\phi(z)|}{|z|^k} \int_{C_{k+2}} \frac{1}{|\zeta|^2} d\zeta,$$

d.h.

$$\mathfrak{A}_k \underset{\to}{\subseteq} \tilde{A}_1(|z|^{-k-2}, C_{k+2})$$

ist stetig. Andererseits haben wir nach der Cauchyformel für $\phi \in \tilde{A}_1(|z|^{-k}, C_k)$ und $z \in E_{k+1}$

$$\frac{|\phi(z)|}{|z|^{k+1}} \le \frac{1}{2\pi} \int_{C_k} \frac{|\phi(\zeta)|\, d\zeta}{|\zeta|^{k+1} |z-\zeta|} \le \sup_{\xi \in C_k} \frac{1}{|\zeta|\,|z-\zeta|\, 2\pi} \cdot \int_{C_k} \frac{|\phi(\zeta)|}{|\zeta|^k} d\zeta \le \frac{1}{2\pi k} ||\phi||_{C_k},$$

d.h.

$$\tilde{A}_1(|z|^{-k}, C_k) \to \mathfrak{A}_{k+1}$$

ist stetig. Damit haben wir die äquivalente Darstellung (Faktorisationssatz aus E § 23.4.3!)

$$(**)\qquad \mathfrak{A}_\omega = \operatorname*{ind}_{\rightarrow} \mathfrak{A}_k \cong \operatorname*{ind}_{\rightarrow k} \tilde{A}_1(|z|^{-k}, C_k)$$

bewiesen.

Für $k = 0,1,2,\ldots$ Sei $\mathfrak{A}_k^*$ die Menge aller Elemente ϕ aus $\mathfrak{A}_k$, für welche $z\cdot\phi(z)$ beschränkt auf E_k ist; wir setzen

$$\mathfrak{A}^* = \bigcup_k \mathfrak{A}_k^*,$$

und zeigen, daß $\mathfrak{A}^*$ dicht in $\mathfrak{A}_\omega$ ist. Dazu nehmen wir ein beliebiges Element $\phi\in\mathfrak{A}_\omega$ und zeigen, daß eine Folge $\phi_n\in\mathfrak{A}^*$ existiert, deren Limes ϕ ist. Sei $\phi\in\mathfrak{A}_{k-1}$, $k = 1,2,\ldots$; wir setzen

$$\phi_n(z) = (1+\tfrac{z}{n})^{-k}\,\phi(z) \qquad \text{für } n = 1,2,\ldots$$

und sehen, daß $\phi_n\in\mathfrak{A}^*_{k-1}$. Andererseits ist

$$\frac{\phi(z)-\phi_n(z)}{z^{2k}} = \frac{(\frac{1}{z}+\frac{1}{n})^k-\frac{1}{z^k}}{(1+\frac{z}{n})^k}\cdot\frac{\phi(z)}{z^k}\,.$$

Da auch $\phi\in\mathfrak{A}_k$ ist, existiert ein $M > 0$ mit

$$\left|\frac{\phi(z)}{z^k}\right| < M \qquad \text{für } z\in E_k\,.$$

Aus

$$\sup_{z\in E_k}\left|(\tfrac{1}{z}+\tfrac{1}{n})^k-\tfrac{1}{z^k}\right| = \sup_{z\in E_k}\left|\sum_{s=1}^{k}\binom{k}{s}(\tfrac{1}{n})^s(\tfrac{1}{z})^{k-s}\right| \le (1+\tfrac{1}{n})^k - 1$$

und

$$\inf_{z\in E_k}\left|(1+\tfrac{z}{n})^k\right| = \inf_{z\in E_k}\frac{|z-(-n)|^k}{n} \ge \frac{k+n}{n}$$

folgt

$$\sup_{z\in E_k}\left|\frac{\phi_n(z)-\phi(z)}{z^{2k}}\right| \le \frac{(1+\frac{1}{n})^k-1}{1+\frac{k}{n}}\,M \to 0 \qquad \text{für } n\to\infty\,,$$

was zu beweisen war.

Falls man mit $\mathfrak{A}_k^{m*}$ die Menge aller Elemente ϕ aus $\mathfrak{A}_k$ bezeichnet, für welche $z^m\phi(z)$ auf E_k beschränkt ist, und

$$\mathfrak{A}^{m*} = \bigcup_k \mathfrak{A}_k^{m*}$$

setzt, kann man in derselben Weise zeigen, daß $\mathfrak{A}^{m*}$ dicht in $\mathfrak{A}_\omega$ liegt.

Für die Darstellung der Funktionale auf $\mathfrak{A}_\omega$ wollen wir die Cauchyformel heranziehen und müssen deshalb die Funktion $h(\lambda) = \frac{1}{z-\lambda}$ genauer untersuchen. Wir fassen hier $h(\lambda)$ als Vektorfunktion auf, d.h. als Abbildung

$$h : \mathbb{C} \to \mathfrak{A}_\omega , \qquad \mathbb{C} = \text{komplexe Zahlenebene}$$
$$\lambda \rightsquigarrow \frac{1}{z-\lambda} .$$

Satz 1.a) Die Funktion $h : \mathbb{C} \to \mathfrak{A}_\omega$ ist holomorph auf der gesamten Ebene $\mathbb{C}$, und es gilt

$$h'(\lambda) = \frac{1}{(z-\lambda)^2} \quad \text{für} \quad \lambda \in \mathbb{C} .$$

b) Die Funktion $\lambda \cdot h(\lambda)$ ist beschränkt in $\mathfrak{A}_\omega$ auf jeder linken Halbebene Re $\lambda \leq k$ (k beliebig).

c) Zu jedem k = 0,1,... gibt es k Elemente $\zeta_1,\dots,\zeta_k$ aus $\mathfrak{A}_\omega$ und eine beschränkte Menge B_k in $\mathfrak{A}_\omega$ derart, daß

$$h(\lambda) - \frac{\zeta_1}{\lambda} - \frac{\zeta_2}{\lambda^2} - \dots - \frac{\zeta_k}{\lambda^k} \in \frac{1}{\lambda^{k+1}} B_k \quad \text{für} \quad \text{Re } \lambda \leq k$$

ist.

Beweis.a) Wir haben für $\lambda_o \in \mathbb{C}$

$$\frac{h(\lambda)-h(\lambda_o)}{\lambda-\lambda_o} - \frac{1}{(z-\lambda_o)^2} = \frac{1}{(z-\lambda)(z-\lambda_o)} - \frac{1}{(z-\lambda_o)^2} = \frac{\lambda-\lambda_o}{(z-\lambda)(z-\lambda_o)^2} .$$

Wir nehmen $k > \text{Re } \lambda_o$, $\delta = k - \text{Re } \lambda_o$, $\rho < \delta$ und erhalten

$$\sup_{\text{Re } z>k} \left| \frac{\lambda-\lambda_o}{(z-\lambda)(z-\lambda_o)^2} \right| < \frac{|\lambda-\lambda_o|}{|\delta - \rho|\delta^2} \quad \text{für } |\lambda-\lambda_o| < \rho .$$

Dies zeigt aber, daß $\lim\limits_{\lambda \to \lambda_o} \frac{h(\lambda)-h(\lambda_o)}{\lambda-\lambda_o}$ im Sinne der $\mathfrak{A}_\omega$-Topologie existiert und gleich $\frac{1}{(z-\lambda_o)^2}$ ist.

b) Wir nehmen k beliebig und Re $\lambda \leq k$. Es genügt zu zeigen, daß die Funktion $\lambda \cdot h(\lambda) = \frac{\lambda}{z-\lambda}$ in der Topologie von $\mathfrak{A}_{k+2}$ beschränkt ist, bzw. daß $\frac{\lambda \cdot h(\lambda)}{z} = \frac{\lambda}{z(z-\lambda)}$ für Re $\lambda \leq k$ und Re $z \geq k+2$ beschränkt ist (daraus folgt auch die Beschränktheit von $\frac{\lambda \cdot h(\lambda)}{z}$ für Re $\lambda \leq k$ und Re $z \geq k+2$). Aus der Zeichnung

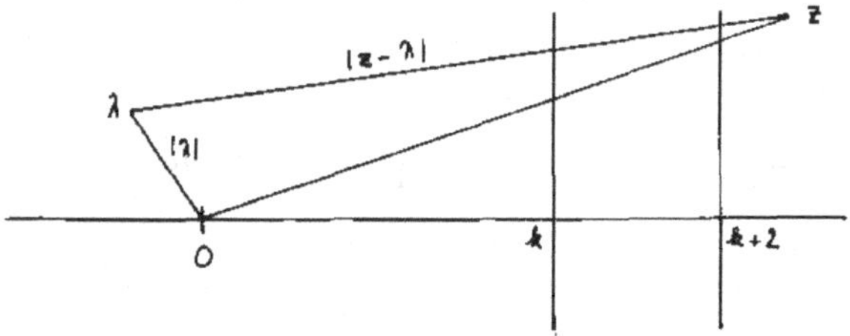

ersieht man die Ungleichung $\frac{|z|}{|z|-1} \leq 2 \leq |\lambda - z|$

also auch

$$|z||\lambda-z| \geq |z| + |\lambda-z| \geq |\lambda|$$

(letztere Ungleichung ist die Dreiecksungleichung).

Damit haben wir $\frac{|\lambda|}{|z||\lambda-z|} \leq 1$ für Re $\lambda \leq k$ und Re $z \geq k+2$, q. e. d.

c) Für $\lambda \neq z$ ist

$$\frac{1}{z-\lambda} + \frac{1}{\lambda} + \frac{z}{\lambda^2} + \ldots + \frac{z^{k-1}}{\lambda^k} = \frac{z^k}{\lambda^{k+1}} \cdot \frac{\lambda}{z-\lambda} ,$$

wobei die Elemente

$$\zeta_1 = -1, \quad \zeta_2 = -z, \; \ldots \; , \zeta_k = -z^{k-1}$$

zu $\mathfrak{A}_\omega$ gehören. Nach b) ist die Funktion $\frac{\lambda}{z-\lambda}$ beschränkt auf Re $\lambda \leq k$, und da nach 2. die Multiplikation von $\mathfrak{A}_\omega$ mit Polynomen stetig ist, ist auch $z^k \cdot \frac{\lambda}{z-\lambda}$ beschränkt auf Re $\lambda \leq k$. //

Falls $f(\lambda)$ eine Vektorfunktion mit Werten in einem folgenvollständigen lokalkonvexen Raum E ist, kann man auf die übliche Weise Riemannsche Integrale für stetige Funktionen definieren, z.B.

$$\int_{C_k} f(\lambda) d\lambda .$$

Dieses Integral definiert ein Elment aus E, falls z.B. $\lambda^\alpha f(\lambda)$ für $\lambda \in C_k$, $\alpha > 1$ beschränkt in E ist (zum Beweis benutzt man Seminormen anstelle der Absolutstriche). Unser Raum $\mathfrak{A}_\omega$ ist als (LS)-Raum vollständig (siehe E § 26. 2.3. Korollar), also auch folgenvollständig. Für $\phi \in \mathfrak{A}^*$ ist nach Satz 1. b)

$$\lambda^2 [h(\lambda)\phi(\lambda)] = [\lambda h(\lambda)] \cdot [\lambda \phi(\lambda)], \quad \lambda \in C_k$$

beschränkt; daher ist durch das Integral

$$\frac{1}{2\pi i} \int_{C_k} h(\lambda)\phi(\lambda) d\lambda \tag{5}$$

ein Element aus $\mathfrak{A}_\omega$ definiert. (Riemannsche Summen konvergieren in der Topologie von $\mathfrak{A}_\omega$!) Die Konvergenz in $\mathfrak{A}_\omega$ zieht aber die punktweise Konvergenz (für jedes fixierte z) nach sich, d.h. das Integral

$$\frac{1}{2\pi i} \int_{C_k} h(\lambda)\phi(\lambda) d\lambda = \frac{1}{2\pi i} \int_{C_k} \frac{1}{z-\lambda} \phi(\lambda) d\lambda$$

konvergiert auch im gewöhnlichen Sinne. Nach der Cauchyformel

$$\phi(z) = \frac{1}{2\pi i} \int_{C_k} \frac{1}{z-\lambda} \phi(\lambda) d\lambda$$

ist damit das Integral (5) berechnet:

(5) $$\phi = \frac{1}{2\pi i} \int_{C_k} h(\lambda)\phi(\lambda)d\lambda \ ,$$

wobei - es sei nochmals betont - $\phi \in \mathfrak{A}^*$ ist.

Sei nun $<f,\phi>$ ein stetiges, lineares Funktional auf $\mathfrak{A}_\omega$. Wegen (5) haben wir für $\phi \in \mathfrak{A}^*$

(6) $$<f,\phi> = \frac{1}{2\pi i} \int_{C_k} <f,h(\lambda)>\phi(\lambda)d\lambda \ .$$

Die Funktion $<f,h(\lambda)> = \tilde{f}(\lambda)$ wollen wir die Indikatrix des Funktionals $<f,\phi>$ nennen. Die Indikatrix $\tilde{f}(\lambda)$ ist eine Funktion

$$\tilde{f} : \mathbf{C} \to \mathbf{C}$$

und hat folgende Eigenschaften - man erhält sie aus der Stetigkeit von $<f,\phi>$ - :

a) Die Funktion $\tilde{f}$ ist eine ganze, analytische Funktion auf $\mathbf{C}$.

b) Die Funktion $\lambda\tilde{f}(\lambda)$ ist beschränkt auf jeder linken Halbebene Re $\lambda \leq k$.

c) Für jedes $k = 0,1,\ldots,$ gibt es k Zahlen $a_1,\ldots,a_k$ und eine beschränkte Menge M_k in $\mathbf{C}$, so daß gilt

$$\tilde{f}(\lambda) - \frac{a_1}{\lambda} - \ldots - \frac{a_k}{\lambda^k} \in \frac{M_k}{\lambda^{k+1}} \quad \text{für Re } \lambda \leq k \ .$$

Man erhält a), b), c) wegen $<f,h(\lambda)> = \tilde{f}(\lambda)$ sofort aus den entsprechenden Eigenschaften für $h(\lambda) = \frac{1}{z-\lambda}$ (siehe Satz 1).

Zu c) bemerken wir, daß sich die Koeffizienten $a_1,\ldots,a_k$ eindeutig durch die Funktion $\tilde{f}(\lambda)$ bestimmen lassen, denn wir haben auf jeder Halbebene Re $\lambda \leq k$

$$a_1 = \lim_{\lambda\to\infty} \lambda\tilde{f}(\lambda),\ldots,a_n = \lim_{\lambda\to\infty} \lambda^n \left|\tilde{f}(\lambda) - \sum_{j=1}^{n-1} \frac{a_j}{\lambda^j}\right| \ .$$

Aufgrund von c) können wir (6) umschreiben in

(7) $$<f,\phi> = \frac{1}{2\pi i} \int_{C_k} \phi(\lambda)\left[\tilde{f}(\lambda) - \sum_{j=1}^{k+1} \frac{a_j}{\lambda^j}\right]d\lambda \ ,$$

denn wegen $\phi \in \mathfrak{A}^*$ haben wir

(8) $$\int_{C_k} \frac{\phi(\lambda)}{\lambda^j} d\lambda = 0 \quad \text{für } j = 1,\ldots,k+1 \ .$$

Mit (7) haben wir aber eine Darstellung des Funktionals $<f,\phi>$ gewonnen, die für alle $\phi \in \mathfrak{A}_\omega$ gilt. Dazu bemerken wir, daß die rechte Seite von (7) auf $\mathfrak{A}_k$ stetig ist. Wir haben nämlich die Abschätzung (mit $m_k = \sup\{|\alpha| \mid \alpha \in M_k\}$)

(9) $$\left|\int_{C_k} \phi(\lambda)\left[\tilde{f}(\lambda) - \sum_{j=1}^{k+1} \frac{a_j}{\lambda^j}\right]d\lambda\right| \leq \int_{C_k} \left|\frac{\phi}{\lambda^k}\frac{m_k}{\lambda^2}\right|d\lambda \leq \sup\left|\frac{\phi}{\lambda^k}\right|\cdot m_k \int_{C_k} \frac{d\lambda}{\lambda^2} \ .$$

Damit ist die rechte Seite auch stetig auf $\mathfrak{A}_\omega$. Wenn wir nun (7) von der dichten Menge $\mathfrak{A}^*$ ausgehend auf ganz $\mathfrak{A}_\omega$ stetig erweitern, ändert sich nichts an der Darstellung (7). Für $j \geq k + 2$ zeigt (8), daß die Darstellung (7) im Grunde genommen unabhängig von k ist.

Umgekehrt: Die Bedingungen a) - c) sind auch hinreichend dafür, daß eine Funktion $\tilde{f}(\lambda)$ eine Indikatrix ist, denn, falls wir durch (7) ein Funktional auf $\mathfrak{A}_\omega$ definieren, ist dieses wegen (9) auch stetig auf $\mathfrak{A}_\omega$, und (6) zeigt dann, daß die Indikatrix dieses Funktionals gleich der Ausgangsfunktion $\tilde{f}(\lambda)$ ist.

Sei $\mathfrak{L}$ der Raum aller Funktionen $\tilde{f}$, die a), b) und c) erfüllen; wir machen $\mathfrak{L}$ zu einem prä-(F)-Raum, indem wir die Seminormen durch

$$||f||_k = \sup_{\mathrm{Re}\ \lambda \leq k} |\lambda^{k+1}(\tilde{f}(\lambda) - \sum_{j=1}^{k} a_j \lambda^{-j})|$$

definieren. Man kann leicht nachprüfen, daß $\mathfrak{L}$ vollständig ist, d.h. $\mathfrak{L}$ ist ein (F)-Raum.

Wir haben gezeigt, daß

(10) $$\mathfrak{A}_\omega' = \mathfrak{L}$$

mengentheoretisch gilt, d.h. die Zuordnung

$$\begin{array}{ccc} f & \rightsquigarrow & \tilde{f} \\ \cap & & \cap \\ \mathfrak{A}_\omega' & \to & \mathfrak{L} \end{array}$$

ist eineindeutig und epimorph (<u>auf</u>), und wir wollen zum Abschluß zeigen, daß (10) auch topologisch gilt, d.h. daß

(10) $$(\mathfrak{A}_\omega)_b' = \mathfrak{L}$$

ist. Wir benutzen dazu die äquivalente Darstellung von $\mathfrak{A}_\omega \cong \underset{\to k}{\mathrm{ind}}\ \tilde{A}_1(|z|^{-k}, C_k)$ (siehe (**)). Sei $\langle f, \phi \rangle$ stetig auf $\mathfrak{A}_\omega$; dann ist $\langle f, \phi \rangle$ auch stetig auf jedem $\tilde{A}_1(|z|^{-k}, C_k)$ und wegen (*) und dem Satz von Hahn-Banach ist $\langle f, \phi \rangle$ auch stetig auf $L_1(C_k, |\zeta|^{-k-1} d\zeta)$.

Wegen (7) und Obigem haben wir

$$||f||_{\tilde{A}_1'} \leq ||f||_{L_1'} = ||\tilde{f}||_{L^\infty} = \sup_{\mathrm{Re}\ \lambda \leq k} |\lambda^{k+1}(\tilde{f}(\lambda) - \sum_{j=1}^{k} a_j \lambda^{-j})| \quad ,$$

d.h. die identische Abbildung

$$I : \mathfrak{L} \to (\mathfrak{A}_\omega)_b'$$

ist stetig. Da $\mathfrak{L}$ - wie auch $(\mathfrak{A}_\omega')_b$ (siehe E § 26.2.2.) - (F)-Räume sind, können wir den Banachschen Homomorphiesatz E § 7.1.2. anwenden und sehen, daß auch I^{-1} stetig ist. Damit gilt (10) auch topologisch.

<u>5. Die Laplacetransformation.</u> Wir betrachten nun die Laplacetransformation. Für stetige und wie e^{at} wachsende Funktionen $f(t)$, auf $[0,\infty)$ ist die Laplacetransformation durch

$$(Lf)(z) = \int_0^\infty e^{-zt} f(t)dt$$

erklärt. Für $\Phi \in \mathcal{L}'$ (siehe § 17.4) definieren wir

(11) $$(L\Phi)(z) \underset{def}{=} z^k \int_0^\infty e^{-(z-k)t} f(t)dt ,$$

wobei wir geschrieben haben

$$\Phi = \left[\frac{d}{dt}\right]^k \left[e^{kt} f(t)\right], \quad \text{mit } f(t) \text{ stetig und beschränkt.}$$

Wir wollen zeigen, daß diese Definition von k unabhängig ist. Sei

$$\Phi = \left[\frac{d}{dt}\right]^k \left[e^{kt} f(t)\right] = \left[\frac{d}{dt}\right]^{k+m} \left[e^{(k+m)t} \bar{f}(t)\right] ,$$

dann ist

$$e^{(k+m)t} \bar{f}(t) = \sum_{j=0}^{k+m-1} a_j t^j + \int_0^t \frac{(t-\tau)^{m-1}}{(m-1)!} e^{k\tau} f(\tau)d\tau ,$$

und wir haben - nach Standardformeln der Laplacetransormation -

$$L\Phi = z^{k+m} \int_0^\infty e^{-zt} e^{(k+m)t} \bar{f}(t)dt = z^{k+m} \int_0^\infty e^{-zt} \left[\sum_{j=0}^{k+m-1} a_j t^j + \int_0^t \frac{(t-\ )^{m-1}}{(m-1)!} e^{k\tau} f(\tau)d\tau\right]dt =$$

$$= \int_0^\infty e^{-zt} \frac{d^{k+m}}{dt^{k+m}} (\sum a_j t^j)dt + z^k \int_0^\infty e^{-zt} \frac{d^m}{dt^m} \left(\int_0^t \frac{(t-\ )^{m-1}}{(m-1)!} e^{k\tau} f(\tau)d\tau\right)dt =$$

$$= 0 + z^k \int_0^\infty e^{-zt} e^{kt} f(t)dt .$$

(11) zeigt, daß

$$L : \mathcal{L}' \to \mathfrak{A}_\omega$$

eine stetige, lineare Abbildung ist.

Wir erklären die Abbildung

$$K : \mathfrak{A}_\omega \to \mathcal{L}'$$

durch

$$(K\phi)(t) = \left(\frac{d}{dt}\right)^{k+2} \frac{e^{(k+2)t}}{2\pi i} \int_{-\infty}^{\infty} e^{i\nu t} \psi(k+2+\nu)d\nu =$$

$$(K\phi)(t) = \left(\frac{d}{dt}\right)^{k+2} \frac{1}{2\pi i} \int_{C_{k+2}} e^{\lambda t} \psi(\lambda)d\lambda ,$$

wobei wir $\psi(z) = \frac{\phi(z)}{z^{k+2}}$, $\phi \in \mathfrak{A}_k$ gesetzt haben. Auch hier sieht man leicht ein, daß die Definition von k unabhängig ist, und daß

$$K : \mathfrak{A}_\omega \to \mathcal{L}'$$

stetig ist.

Wir betrachten nun die Abbildung

$$L \circ K\phi \;, \qquad \phi \in \mathfrak{A}_\omega ;$$

sie ist stetig und für $\phi \in \mathfrak{A}^{2*}$ haben wir - Umkehrtheorem für die Laplacetransformation (siehe z.B. Doetsch [1]) -

$$L \circ K\phi = \phi \;, \quad \phi \in \mathfrak{A}^{2*} .$$

Da $\mathfrak{A}^{2*}$ dicht in $\mathfrak{A}_\omega$ liegt, muß wegen der Stetigkeit von $L \circ K$ überall

$$L \circ K = I$$

gelten. Ebenso ist $K \circ L = I$ (hier nimmt man als dichte Untermenge in $\mathcal{L}'$ alle $\phi = \sum_{n=1}^{m} a_n \delta(t-b_n)$, siehe § 17.4). Damit haben wir gezeigt, daß

$$K = L^{-1} \;, \quad \text{bzw.} \quad L = K^{-1}$$

ist, d.h. L liefert einen Isomorphismus zwischen $\mathcal{L}'$ und $\mathfrak{A}_\omega$.

VIII. Induktive S(m)-Räume

Da der Raum S_β^α typisch für die Herleitung der Eigenschaft von induktiven S(m)-Räumen ist, wollen wir nur ihn behandeln; andere Räume findet man bei Gelfand [1], Palamodov [1], Wloka [1].

§ 29. Der Grundraum S_β^α von Gelfand

1. Definition und (LS)-Eigenschaft von S_β^α. Wir definieren

$$S_\beta^\alpha = \underset{\to n}{\text{ind}}\; S_\infty(m^n) \;,$$

wobei

$$m_{k,q}^n = n^{-k-q}\, k^{-k\alpha}\, q^{-q\beta} \;, \qquad \alpha,\beta \geq 0$$

im Falle $r = 1$ gesetzt ist und

$$m_{k,q}^n = m_{k_1 q_1}^n \cdots m_{k_r, q_r}^n$$

für beliebiges r. Wir wollen nur den Fall $r = 1$ behandeln; für ein beliebiges r muß man nur alle in diesem Paragraphen vorkommenden Formeln multiplikativ vervielfachen. Für später bemerken wir, daß statt k der Index eigentlich 2k sein müßte, denn im Gegensatz zu Gelfand [1], wo in der Norm der Faktor x^k auftritt, haben wir den Faktor $(1+x^2)^k$ stehen (deshalb 2k); siehe dazu 5.

Wir zeigen mit Hilfe des § 4.3. Satz 2, daß die Einbettungen

$$S_\infty(m^n) \to S_\infty(m^{n+1})$$

kompakt sind. Wir haben

$$\frac{m_{k,q}^{n+1}}{m_{k,q}^{n}} = \left(\frac{n}{n+1}\right)^{k+q} \to \text{für } k,q \to \infty \ ,$$

d.h. die Bedingung (K) ist erfüllt und S_β^α ist ein (LS)-Raum, für den die in § 24 gemachten Aussagen gelten.

<u>2. Operationen auf S_β^α.</u> <u>Die Multiplikation mit Polynomen P(x) ist stetig.</u>

(1) $$P(x)\cdot : S_\infty(m^n) \to S_\infty(m^{n+1})$$

ist stetig, denn die Bedingungen (M) von § 6.3 Satz sind erfüllt

(2) $$\frac{m_{k,q}^{n+1}}{m_{k+1,q}^{n}} = n\left(\frac{n}{n+1}\right)^{k+q} (k+1)^\alpha\left(\frac{k+1}{k}\right)^{k\alpha} \le c < \infty$$

$$\frac{q\,m_{k,q+1}^{n+1}}{m_{k,q}^{n}} = \frac{1}{n+1}\left(\frac{n}{n+1}\right)^{k+q} \frac{q}{(q+1)^\beta}\left(\frac{q}{q+1}\right)^{q\beta} \le c\ \infty \quad .$$

Dabei führt man die Abschätzungen wie für (2) und (3) in § 23.2 durch.

(1) bedeutet also, daß das Diagramm

$$P(x)\cdot : \begin{array}{ccccc} S_\infty(m^1) & \to & S_\infty(m^2) & \to & \dots \\ \downarrow & & \downarrow & & \\ S_\infty(m^2) & \to & S_\infty(m^3) & \to & \dots \end{array}$$

stetig (und kommutativ) ist, was nach E § 23.4.1 Satz die Stetigkeit der Multiplikation

$$P(x)\cdot : S_\beta^\alpha \to S_\beta^\alpha$$

nach sich zieht.

Die Differentiation

$$\frac{d}{dx} : S_\infty(m^n) \to S_\infty(m^{n+1})$$

ist stetig, denn die Bedingung (D) von § 7.3. Satz lautet hier

$$\frac{m_{k,q}^{n+1}}{m_{k,q+1}^{n}} = n\left(\frac{n}{n+1}\right)^{k+q} (q+1)^\beta\left(\frac{q+1}{q}\right)^{q\beta} \le c < \infty \ ,$$

sie ist (2) analog. Wieder haben wir ein stetiges (und kommutatives) Diagramm

$$\frac{d}{dx} : \begin{array}{ccccc} S_\infty(m^1) & \to & S_\infty(m^2) & \to & \dots \\ \downarrow & & \downarrow & & \\ S_\infty(m^2) & \to & S_\infty(m^3) & \to & \dots \ , \end{array}$$

was die Stetigkeit von

$$\frac{d}{dx} : S^{\alpha}_{\beta} \to S^{\alpha}_{\beta}$$

bedeutet.

<u>3. Nuklearität von S^{α}_{β}.</u> Die hinreichende Bedingung für die Stetigkeit der Einbettung

$$S_{\infty}(m^n) \to S_p(m^{n+1})$$

lautet (siehe § 2.3 Satz 2)

$$\sum_{k,q} \left(\frac{m^{n+1}_{k,q}}{m^n_{k+1,q}}\right)^p \leq \sum_{k,q} n^p\left(\frac{n}{n+1}\right)^{(k+q)p}(k+1)^{\alpha p}(e^{\beta}+1) < \infty,$$

während die hinreichende Bedingung für die Stetigkeit von

$$S_p(m^n) \to S_{\infty}(m^{n+1})$$

die Form

$$\frac{(k+1)m^{n+1}_{k,q}}{m^n_{k+1,q+1}} \leq n^2\left(\frac{n}{n+1}\right)^{k+q}(k+1)^{\alpha+1}\left(\frac{k+1}{k}\right)^{k\alpha}(q+1)^{\beta}\left(\frac{q+1}{q}\right)^{\beta q} \leq c < \infty.$$

hat (siehe § 2.3. Satz 3).

Das bedeutet, daß das Diagramm

$$\begin{array}{ccccccccc} S_{\infty}(m^1) & \to & S_{\infty}(m^2) & \to & S_{\infty}(m^3) & \to & S_{\infty}(m^4) & \to & \dots \\ & \searrow & S_p(m^2) & \nearrow & & \searrow & S_p(m^4) & \nearrow & \end{array}$$

stetig (und kommutativ) ist, bzw. daß wir für $1 \leq p \leq \infty$ die Äquivalenz

$$(3) \qquad S^{\alpha}_{\beta} = \underset{\to n}{\text{ind}}\, S_{\infty}(m^n) \cong \underset{\to n}{\text{ind}}\, S_p(m^n)$$

haben.Die Bedingungen (HS_1) und (HS_2) von § 5.3 Satz haben hier die Form, $s = 0,1$

$$\frac{(k+1)m^{n+1}_{k,q}}{m^n_{k+2,q+s}} \leq \left(\frac{n}{n+1}\right)^k(k+2)^{2\alpha}(k+1)\left(\frac{k+2}{k}\right)^{k\alpha}\left(\frac{n}{n+1}\right)^q(q+1)^{\beta}\left(\frac{q+1}{q}\right)^{q\beta}n^3 \leq A < \infty$$

und

$$\sum_{k,q}\left(\frac{m^{n+1}_{k,q}}{m^n_{k,q}}\right)^2 = \sum_{k,q}\left(\frac{n}{n+1}\right)^{2(k+q)} < \infty;$$

daher sind die Einbettungen

$$S_2(m^{n+2}) \to S_2(m^n)$$

Hilbert-Schmidtsch, d.h. S^{α}_{β} ist ein (LN)-Raum, also nach E § 27.3.8. Satz auch nuklear.

4. Der Dualraum von S_β^α. Für den Dualraum ergibt (3)

(4) $$(S_\beta^\alpha)_b' = \underset{\leftarrow\, n}{\text{proj}}\, S_p'(m^n), \qquad 1 \le p \le \infty$$

Aus (4) kann man die globale Darstellung für die Funktionale $f \in (S_\beta^\alpha)'$ gewinnen:

$$\langle f,\phi\rangle = \sum_{k,q} \int (1+x^2)^k f_{kq}(x) D^q \phi(x)\,dx \ ,$$

wobei die Halbnormen von (4) durch

$$||f||_n = \sup_{\substack{x\\k,q}} \frac{|f_{k,q}(x)|}{m_{k,q}^n}\ , \qquad p = 1$$

bzw.

$$||f||_n = \sum_{k,q} (m_{k,q}^n)^{-1} \left|\int |f_{k,q}|^{p'} dx\right|^{1/p'} \quad \text{für } 1<p<\infty,\ \frac{1}{p'}+\frac{1}{p} = 1$$

gegeben sind. Die Herleitung findet man bei Mitjagin [1].

5. Gleichwertigkeit mit der Gelfandschen Definition. Wir wollen die Gleichwertigkeit unserer Definition von S_β^α mit der Gelfandschen zeigen. Nach Gelfand ist

$$S_\beta^\alpha = \underset{\rightarrow\, n}{\text{ind}}\, \tilde{S}_\infty(m^n),$$

wobei

$$\tilde{S}_\infty(m^n) = \{\phi \mid \sup_{k,q,x} |x^k D^q \phi(x) m_{k,q}| < \infty$$

ist. Wir beweisen diese Äquivalenz, indem wir faktorisieren. Dabei schreiben wir in $S_\infty(m)$ konsequent statt k den Index 2k also:

$$S_\infty(m) = \{\phi \mid \sup_{k,q,x} |\ (1+x^2)^k D^q \phi(x) m_{2k,q}| < \infty\}.$$

Nach § 9.3. Satz 1 sind für die Stetigkeit der Einbettung

$$S_\infty(m^n) \to \tilde{S}_\infty(m^{n+1})$$

die folgenden Bedingungen hinreichend

(J) $$\frac{m_{2k,q}^{n+1}}{m_{2k,q}^n} = \left(\frac{n}{n+1}\right)^{2k+q} \le c < \infty$$

und

$$\frac{m_{2k,q}^{n+1}}{m_{2k+1,q}^n} = n\left(\frac{n}{n+1}\right)^{2k+q} (2k+1)^\alpha \left(\frac{2k+1}{2k}\right)^{2k\alpha} \le c < \infty\ ,$$

während die Bedingungen (siehe § 9.3. Satz 2)

1. $$\frac{m_{2k,q}^{2n}\cdot 2^k}{m_{2k,q}^n} = 2^k\left(\frac{n}{2n}\right)^{2k+q} = \left(\frac{1}{2}\right)^q \left(\frac{1}{2}\right)^k < 1$$

2. $$\frac{m^n_{2k,q}}{m^n_{o,q}} = \frac{n^q q^{q\beta}}{n^{2k+q}(2k)^{2k\alpha} q^{q\beta}} = \frac{1}{n^{2k}(2k)^{2k\alpha}} \leq 1$$

für die Stetigkeit von

$$\tilde{S}_\infty(m^n) \to S_\infty(m^{2n})$$

hinreichend sind. Wir haben somit das Diagramm (stetig und kommutativ)

$$\begin{array}{ccccccccc} S_\infty(m^1) & \longrightarrow & S_\infty(m^4) & \longrightarrow & S_\infty(m^{10}) & \longrightarrow & S_\infty(m^{22}) & \longrightarrow & \dots \\ \downarrow & \nearrow & \downarrow & \nearrow & \downarrow & \nearrow & & & \\ \tilde{S}_\infty(m^2) & & \tilde{S}_\infty(m^5) & & \tilde{S}_\infty(m^{11}) & & & & \end{array}$$

woraus nach E § 23.4.3 Satz die Äquivalenz unserer Definition mit der Gelfandschen [1] folgt:

(5) $$S^\alpha_\beta = \underset{\to n}{\operatorname{ind}} S_\infty(m^n) \cong \underset{\to n}{\operatorname{ind}} \tilde{S}_\infty(m^n) .$$

6. Die Fouriertransformation von $S^\alpha_\beta \leftrightarrow S^\beta_\alpha$. Zum Abschluß zeigen wir, daß die Fouriertransformation

$$\mathcal{F}: S^\alpha_\beta \to S^\beta_\alpha$$

isomorph wirkt; hier machen wir der Einfachheit halber die Voraussetzung, daß entweder α oder β ≥ 1 ist, z.B. nehmen wir $\beta \geq 1$. Wir benutzen die Darstellung (5), d.h. $S^\beta_\alpha = \underset{\to n}{\operatorname{ind}} \tilde{S}_\infty(m^n)$ und zeigen, daß

$$\mathcal{F} : \tilde{S}_\infty(m^n) \to \tilde{S}_\infty(\bar{m}^{3n})$$

stetig wirkt, wobei $m^n_{k,q} = n^{-k-q} k^{-\alpha k} q^{-\beta q}$ und $\bar{m}^{3n}_{k,q} = (3n)^{-k-q} k^{-\beta k} q^{-\alpha q}$ gesetzt wurden. Dazu prüfen wir die Bedingung (F) von § 9.3. Satz 3 nach. Sie hat in unserem Fall die Form

(6) $$(k+1)2^{k+q} i^i \bar{m}^{3n}_{k,q} \leq c\, m^n_{q+2-i,k-i} \leq c\, m^n_{q-i,k-i} ;$$

dabei folgt die zweite Ungleichung aus der Monotonie bzgl. k von $m_{k,q}$. Setzen wir die Werte für m^n und $\bar{m}^{3n}$ ein, dann wird aus (6)

(7) $$\frac{(k+1)2^{k+q} i^i \bar{m}^{3n}_{k,q}}{m^n_{q+2-i,k-i}} = \frac{(k+1)2^{k+q} n^{k+q} n^2}{(3n)^{k+q} n^{2i}} \cdot \frac{i^i (k-i)^{(k-i)\beta}}{k^{\beta k}} \cdot \frac{(q-i+2)^{(q-i+2)\alpha}}{q^{\alpha q}} .$$

Der letzte Ausdruck von (7) ist beschränkt für $i \geq 2$, während wir für $i = 0,1$ haben

$$\frac{(q+2)^{(q+2)\alpha}}{q^{\alpha q}} = (q+2)^{2\alpha}\left(\frac{q+2}{q}\right)^{2q} \leq (q+2)^{2\alpha}(e^{2\alpha}+1)$$

$$\frac{(q+1)^{(q+1)\alpha}}{q^{\alpha q}} = (q+1)^{\alpha} \left(\frac{q+1}{q}\right)^{\alpha q} \leq (q+1)^{\alpha}(e^{\alpha}+1) .$$

Nehmen wir die Faktoren $(q+2)^{2\alpha}$, $(q+1)^{\alpha}$ zum ersten Ausdruck von (7), so gilt

$$\frac{n^2(k+1)(q+2)^{2\alpha}(q+1)^{\alpha}}{n^{2i}}\left(\frac{2}{3}\right)^{k+q} .$$

Dieser Ausdruck läßt sich durch die Glieder einer Reihe abschätzen, die durch Ableitungen einer geometrischen Reihe entsteht, er ist also beschränkt (n-fixiert, k,q-variabel). Es bleibt also nur der mittlere Ausdruck von (7) abzuschätzen.

$$f(i) = \frac{i^i(k-i)^{(k-i)\beta}}{k^{\beta k}} , \quad 0 \le i \le k .$$

Wir haben $(\log f(i))'' = \frac{1}{i} + \frac{\beta}{k-i} > 0$, also ist $f(i)$ nach unten konvex und hat die Maxima am Rande $i = 0$, $i = k$. Sie betragen $f(0) = 1$, $f(k) = k^{(1-\beta)k} \le 1$ wegen der Voraussetzung $\beta \ge 1$. Wir haben also

$$f(i) = \frac{i^i(k-i)^{(k-i)\beta}}{k^{\beta k}} \le 1$$

und damit insgesamt die Beschränktheit von (7) bewiesen. Ebenso ergibt sich

$$\mathfrak{f}^{-1} : \tilde{S}_\infty(\bar{m}^n) \to \tilde{S}_\infty(m^{3n})$$

(aus $\phi(x) \in \tilde{S}_\infty$ folgt $\phi(-x) \in \tilde{S}_\infty$!), und wir haben das stetige und kommutative (wegen $\mathfrak{f}\circ\mathfrak{f}^{-1} = \mathfrak{f}^{-1}\circ\mathfrak{f} = I$) Diagramm

$$\begin{array}{ccccccc}
\tilde{S}_\infty(m^1) & \to & \tilde{S}_\infty(m^9) & \to & \tilde{S}_\infty(m^{81}) & \to & \dots \\
\mathfrak{f}\downarrow & \mathfrak{f}^{-1}\nearrow & \mathfrak{f}\downarrow & \mathfrak{f}^{-1}\nearrow & \downarrow & & \\
\tilde{S}_\infty(\bar{m}^3) & & \tilde{S}_\infty(\bar{m}^{27}) & & \dots & & .
\end{array}$$

Hieraus folgt, daß

$$\mathfrak{f} : S^\alpha_\beta \to S^\beta_\alpha$$

ein Isomorphismus ist. //

Literaturverzeichnis

Achieser, N.J. und J. M. Glasman [1] "Die Theorie linearer Operatoren im Hilbertraum", Moskau 1950.

Bourbaki, N. [1] "Intégration", Hermann, Paris 1953.

[2] "Espaces vectoriels topologiques", Hermann, Paris 1953 und 1955.

Doetsch, G. [1] "Theorie und Anwendung der Laplace-Transformation", Bd. I - IV, Birkhäuser, Basel 1950 - 1956.

Fichera, G. [1] "Linear elliptic differential systems and eigenvalue problems", Lecture Notes in Mathematics No. 8, Springer, Heidelberg 1965.

Floret, K. [1] "p-integrale Abbildungen und ihre Anwendung auf Distributionsräume", Diplomarbeit, Heidelberg 1967.

Gelfand, J.M. und G. E. Silov [1] "Verallgemeinerte Funktionen", Bd. 2, Dtsch. Verl. d. Wiss., Berlin 1963.

[2] "Verallgemeinerte Funktionen", Bd. 3, Dtsch. Verl. d. Wiss., Berlin 1964.

Halmos, P.R. [1] "Measure Theory", Van Nostrand, New York 1950.

Köthe, G. [1] "Topologische lineare Räume", 2. Auflage, Springer, Heidelberg 1966.

[2] "Die Randverteilungen analytischer Funktionen", Math. Z. 57, 13-39, 1952.

Krasnoselskij, M.A. und Ja.B. Rutickij [1] "Konvexe Funktionen und Orliczräume", Moskau 1958 (russisch).

Mitjagin, B.S. [1] "Die Nuklearität und andere Eigenschaften der Räume vom Typus S", Trud. Mosk. Mat. Ob-wa, 9, 317-328, 1960 (russisch).

Palamodov, W.D. [1] "Die Fouriertransformation von schnell wachsenden unendlich oft differenzierbaren Funktionen", Trud. Mosk. Mat. Ob-wa, 11, 309-350, 1962 (russisch).

Roumieu, C. [1] "Sur quelques extensions de la notion de distribution" Ann. sci. école norm. super., 77, 41-121, 1960.

Schwartz, L. [1] "Théorie des Distributions", 3. Auflage, Hermann, Paris 1966.

[2] "Ecuaciones differenciales partiales elipticas", Bogota 1956.

[3] "Définition très générale de la transformation de Laplace, par rapport à l'une des variables", Séminarie Schwartz 1953 - 1954, Exposé no. 22, Faculté des Sciences de Paris 1954.

Silva, J.S. e [1] "Le calcul opérationnel au point de vue des distributions", Portugaliae Math. 14, 105-132, 1955.

[2] "Sur l'espace des fonctions holomorphes à croissance lente à droite", Portugaliae Math. 17, 1-17, 1958.

Tillmann, H.G. [1] "Randverteilungen analytischer Funktionen und Distributionen", Math. Z. 59, 61-83, 1953.

Titchmarsh, E.C. [1] "Introduction to the theory of Fourier Integrals", Oxford 1948.

Weil, A. [1] "L'Intégration dans les groupes topologiques et ses applications", Hermann, Paris 1953.

Wloka, J. [1] "Über die Hurewič-Hörmanderschen Distributionsräume", Math. Ann. 160, 321-362, 1965.

Offsetdruck: Julius Beltz, Weinheim/Bergstr.

Bitte wenden / Continued